Wolfgang Gratopp

Das Fohlen

Zeugung und Geburt

Mit 67 Fotos des Verfassers,
davon 8 Farbfotos

Nymphenburger Verlagshandlung

Originalausgabe

Layout: Hansjörg Langenfass, Ismaning b. München

Satz und Druck: Presse-Druck- und Verlags-GmbH Augsburg
ISBN 3-485-01743-4
Printed in Germany

Inhalt

Das Fohlen.
Zeugung und Geburt 8

Anhang
Das Klima im Stall 63
Die Box der Fohlenstute 70
Die Aufzucht mit Surrogat und das Einsetzen einer Amme 75
Die Zufütterung der Saugfohlen bis zum Absetzen 80
Das Absetzen der Fohlen 88
Das Bewegen der Fohlen 92
Der Fohlenhuf und seine Pflege 96
Die Fohlenbeurteilung 103

Hygiene in der Vollblutzucht, herausgegeben vom Direktorium für Vollblutzucht und Rennen in Köln (Auszüge) 108

Einleitung

Der Gedanke, einen Bildband über das Abfohlgeschäft zusammenzustellen, ist mir gekommen, als ich mehrere Male in der Abfohlperiode über die fachlich richtige Betreuung und Hilfestellung vor, während und nach einer Fohlengeburt von interessierten Züchtern befragt wurde. Der Grund für die mangelnden Kenntnisse ist, daß der überwiegende Teil der Züchter im täglichen Leben den verschiedensten Berufen nachgeht und die Pferdezucht lediglich nebenbei als Hobby oder aus Liebe zur Kreatur betreibt. Spätestens bei der Geburt des Fohlens treten dann die größten Schwierigkeiten auf, und es werden oft nicht wieder gut zu machende Fehler begangen. Deshalb soll unser ›Bilderbogen‹ in erster Linie die noch relativ unerfahrenen jungen Züchter ansprechen und ihnen Anleitung geben, eine hygienisch einwandfreie Geburt vorzubereiten und durchzuführen.

Der Sinn dieses Bildbandes wäre völlig falsch verstanden, wenn ein Züchter annehmen wollte, daß die Lektüre des Buches den Tierarzt ersetzen könnte. Mit Absicht wird nur eine unproblematische Geburt gezeigt. Jeder erfahrene Züchter weiß, welche Abweichungen und Komplikationen (die in meinem Begleittext angedeutet werden) eintreten können, bei denen der Tierarzt unerläßlich ist.

Um einen vollbeladenen Erntewagen vom Acker zu ziehen, wird heute in unserer Landwirtschaft kaum mehr ein Pferd benötigt. Das Ziel eines jeden Züchters ist es vielmehr, ein elegantes, rittiges, modernes Sportpferd zu züchten, unabhängig davon, ob es nun Holsteiner, Hannoveraner, Oldenburger, Westfalen, Trakehner oder Rheinländer sind. Dabei wird auf mittelgroßen Rahmen – mit klugem ausdrucksvollem Kopf, formschöner Haltung, schwingendem Rücken mit einer sehr gut behosten Kruppe und tiefem Schweifansatz, vier klaren, markanten, gesunden Beinen, die Hufe inbegriffen – und überragende Bewegungen in allen drei Grundgangarten Wert gelegt. Hinzu kommen ein einwandfreier Charakter und ein liebenswertes Temperament. Also ein Pferd, dessen bloße Erscheinung auch einem Laien auf diesem Gebiete das Herz höher schlagen läßt. Ich glaube daher mit Recht sagen zu können, daß an einen Pferdezüchter der heutigen Zeit wesentlich höhere Anforderungen gestellt werden, als dies bisher der Fall war.

So mancher Züchter wird die von mir im vorliegenden Bildband als unbedingt erforderlich angesehene peinliche Sauberkeit beim Abfohlgeschäft als übertrieben ansehen, doch ich denke, daß unser Zuchtmaterial derart wertvoll ist, daß man es durch mangelnde Sorgfalt nicht gefährden sollte.
Wenn auch die Stute weniger gefährdet ist, so ist dies bei dem zu erwartenden Fohlen um so mehr der Fall. Die häufig vertretene Ansicht vieler Züchter, »unsere Dicke wird das schon machen«, sollte für alle Zeiten verbannt werden. Wir unternehmen enorme Anstrengungen, den richtigen Hengst für unsere Stute auszuwählen, sie dann zum Partner zu fahren, elf Monate getreulich die Tragezeit abzuwarten und während dieser Zeit das Muttertier behutsam zu behandeln, so daß wir, wenn es endlich so weit ist, es an ein paar Stunden Stallwache nicht fehlen lassen dürfen. Ich meine, der zeitliche und finanzielle Aufwand bis zum Zeitpunkt der Geburt stünde sonst in keinem Verhältnis zu unserer Opferbereitschaft, sprich Stallwache.

Eine Fohlengeburt ist für mich als Gestütsmann immer wieder faszinierend, sei es nun die erste oder die letzte Geburt in jedem Jahr. Ich würde das Abfohlgeschäft als absoluten Höhepunkt im Verlauf eines Gestüts- oder Zuchtjahres bezeichnen, denn es hängt so unendlich viel von der Geburt eines gesunden Fohlens ab: sei es nun Arbeit oder Freude, Hoffnung, Ärger, Liebe oder die bittere Enttäuschung.

Es bleibt mir nun noch, all denen zu danken, die mich bei der Herstellung dieses Bildbandes unterstützt haben. Ich denke hier an meinen früheren Chef, Herrn Pütter (Iserlohn), sowie an Herrn Stephan (Reinstorf), der mich in die Fotografie einführte. Ganz besonders aber danke ich meiner lieben Frau Heike für ihre Opferbereitschaft in den Wochen und Monaten der Abfohlzeit.

Den Pferdezüchtern sei dieses Buch gewidmet und den Pferdefreunden sei es wärmstens empfohlen.

Fuhrberg, im Frühjahr 1975
Wolfgang Gratopp

Die ganze herrliche Geschichte mit unseren Fohlen fängt eigentlich im Probierstand an.

Die sicherste Methode, die Rosse einer Stute zu erkennen, ist das Abprobieren durch den Hengst.
Die Probierwand (oder der Probierständer) sollte möglichst geschützt aufgestellt sein, so daß weder Zugluft noch Witterungseinflüsse beim Abprobieren der Stuten störend einwirken können. Die Probierwand muß hoch genug sein (1,50 m) und eine ausreichende Länge aufweisen, damit der Hengst auch wirklich Schutz dahinter findet. In größeren Gestüten oder bei stark beanspruchten Hengsten steht meistens ein Probierhengst zur Verfügung, der nur dann und wann einmal für eine Bedeckung eingesetzt wird.
Die meisten Züchter streben früh im Jahr geborene Fohlen an, weil sie erstens die volle Weideperiode nutzen können und zweitens bei einer eventuellen Hengstaufzucht die Oktobermärkte reifer beschicken können.
Die frühen Fohlen sind allerdings den Infektionskrankheiten ausgesetzt, die eine Stallhaltung immer mit sich bringen kann. Die spät im Jahr geborenen Fohlen leiden dagegen unter Hitze und Fliegenplage. Auch geht die Milch der Mutter stark zurück, was den Fohlen nicht dienlich ist.

Auf alle Fälle sollte der Züchter stets die Fohlenrosse (9–11 Tage nach der Fohlengeburt) zur Bedeckung ausnutzen. Leider haben Untersuchungen ergeben, daß die in der Fohlenrosse aufgenommenen Stuten die höchsten Resorptionsquoten zu verzeichnen haben.
Der Fohlendurchfall in der Fohlenrosse braucht nicht immer den Beginn einer Rosse anzukündigen. Die Praxis zeigt, daß der Fohlendurchfall oft erst einsetzt, wenn die Rosse gerade vorbei ist. Also ist der Fohlendurchfall nicht immer ein verläßliches Anzeichen für den Pferdezüchter.

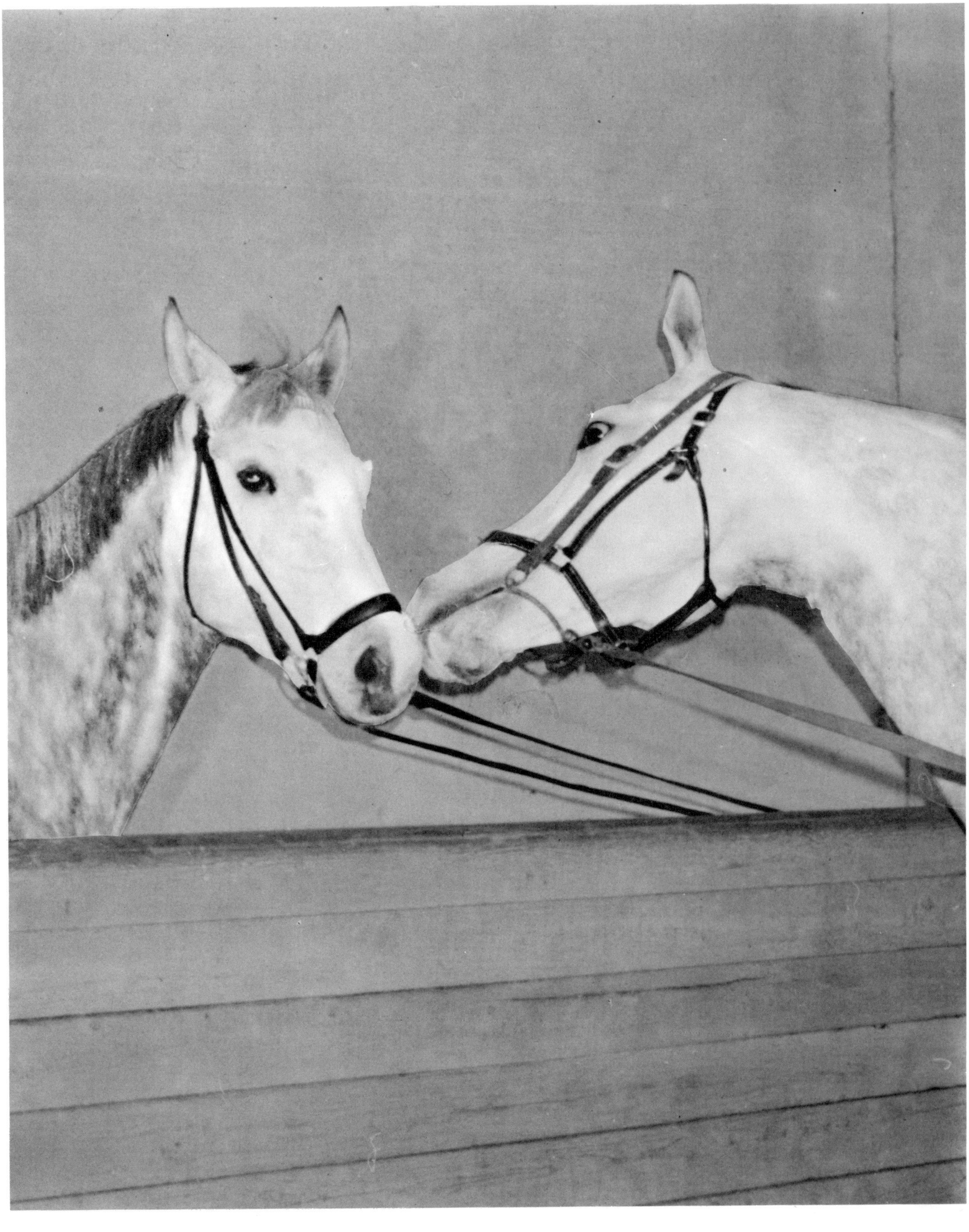

Ein sicheres und sichtbares Zeichen für das Rossen einer Stute ist dagegen das »Blitzen«, ein Öffnen und Schließen der Scham. In der Fachsprache sind auch Ausdrücke wie das »Blinken« oder das »Zeichnen« einer Stute gebräuchlich.
Das Öffnen und Schließen der Schamlippen ist fast ausschließlich verbunden mit einer weißlich-bläulichen Sekretabsonderung (auch das »Fädenziehen« genannt) oder Urinabsonderung.

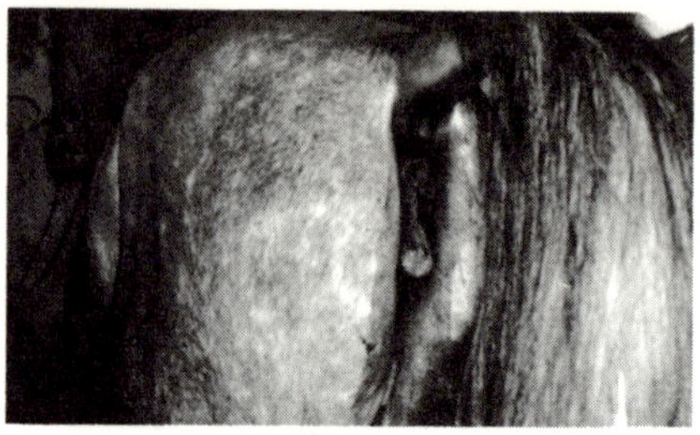

Der Scheidenvorhof (Schleimhäute) ist während der Rosse stark gerötet, weist also eine vermehrte Durchblutung auf, während er mit dem Abklingen der Rosse verblaßt und die Farbe verliert. Weitere äußere Anzeichen der Rosse sind häufiges Wiehern der Stute, Unruhe, Drängen zum Hengst, lebhaftes Ohrenspiel und waches Auge. Bei der allmorgendlichen Pflege wird die Stute – entgegen ihrem sonstigen Verhalten – sich gegen den Striegel drängen. Sie wird bei der Berührung mit anderen Pferden freudig wiehernd stehen bleiben und den Schweif in die Höhe schnellen lassen.
Die Reiter unter Ihnen werden wissen, welch ein ›Krampf‹ es ist, eine stark rossende Stute vorwärts zu reiten.

Die Rosse wird bei unseren Stuten durch den heranreifenden Follikel (Eibläschen) ausgelöst. Sie tritt periodisch das ganze Jahr über auf, wobei die Monate Januar bis Mai die stärksten Rossen aufweisen.
Die Follikelreife (und damit auch die Rosse) läßt sich durch Haltung (viel Sauerstoff, Licht, Bewegung, sauberer und trokkener Stall), Fütterung (eiweißreich, Weide, Grün, vorgekeimter Weizen), Pflege (Putzen, Eindecken) und das Klima (warm oder mild) stark beeinflussen.

Die Dauer der Rosse ist individuell verschieden lang und von der Umwelt der Stute beeinflußbar. Eine normale Rosse dauert 4–6 Tage, in extremen Fällen 1–14 Tage. Wird das Ei nach dem Eisprung nicht befruchtet, so erfolgt in 21 Tagen eine erneute Rosse. Die Schwankungen, die hierbei entstehen können, betragen in der Regel 2 bis 3 Tage vor und nach dem 21. Tag. Je wärmer die Jahreszeit, desto kürzer und kräftiger die Rossen.

Wir unterscheiden die »normale Rosse« – wie beschrieben –, die »stille Rosse«, die sehr schwach und kaum erkennbar auftritt, und die »falsche Rosse«, die eine blasse trockene Scham und keinen Eisprung aufweist. Ferner gibt es die »Dauerrosser«, bei denen meistens eine krankhafte Veränderung des Geschlechtsapparates vorliegt. Erwähnt seien noch die Lichtversuche der letzten Jahre durch Dr. Homberg, die das heimatliche Bioklima der Zuchtstuten änderten und die Rossen ganz erheblich positiv beeinflußten.

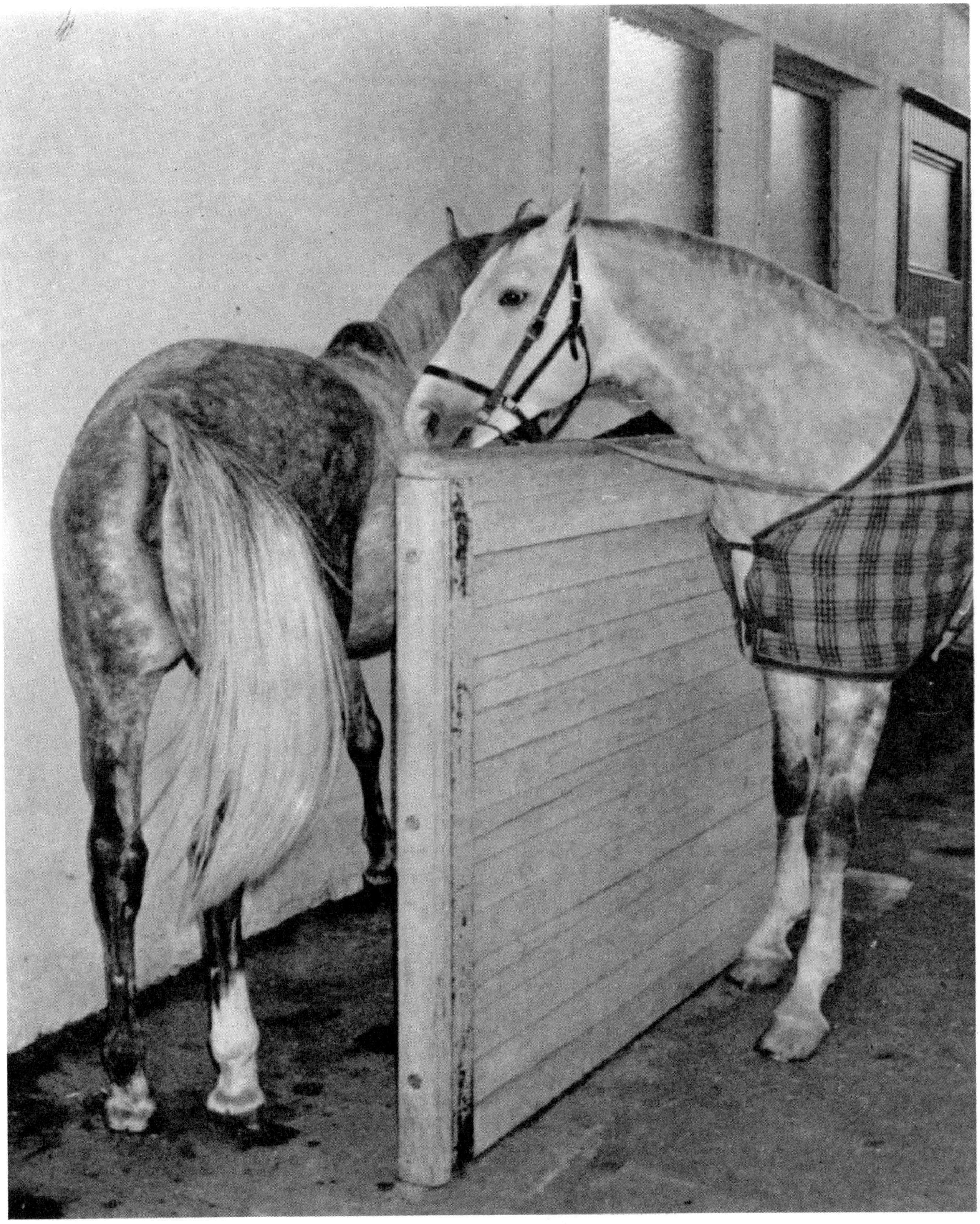

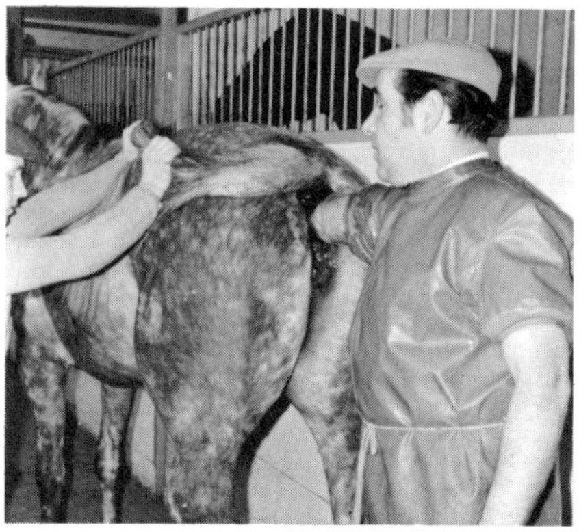

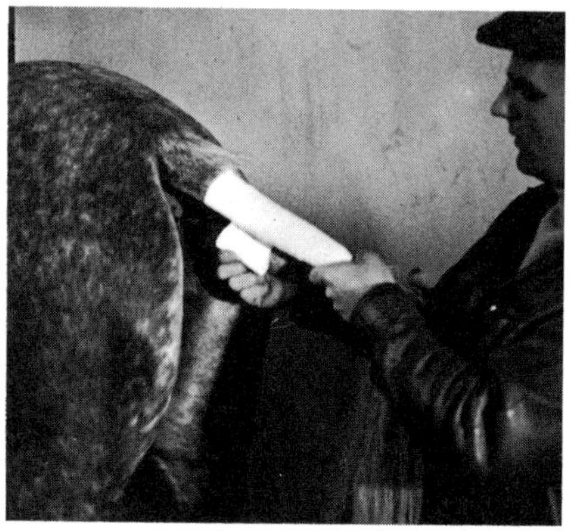

Da die Rossen individuell verschieden lang sind und man ein unnützes Decken vermeiden möchte, werden heute immer häufiger Follikelkontrollen durchgeführt. Zu diesem Zweck ist es notwendig, daß der Tierarzt täglich das Gestüt oder den Hengsthalter aufsucht, um an Ort und Stelle die Stuten zu untersuchen.
Ist der Eisprung (Ovulation) vom Arzt ertastet worden, erfolgt die sofortige Bedeckung der Stute. Das Einrahmen des Eisprunges, also eine Bedeckung vor und nach der Ovulation, ist äußerst erfolgversprechend. Spitzenhengste mit vollen Deck-Listen werden so weitgehend geschont, und der Befruchtungsprozentsatz wird erheblich verbessert.

Das Bandagieren des Schweifansatzes und der Schweifwurzel der Stute ist in erster Linie eine hygienische Maßnahme. Es soll verhindert werden, daß der Hengst bei der Bedeckung lange Schweifhaare mit in den Scheidenvorhof nimmt. Alte Stuten mit schlechtem Scheidenschluß sind hierfür besonders anfällig. Die Folgeerscheinungen sind Sekretabsonderungen (das »Schmieren« der Stute).
In zweiter Linie soll das Bandagieren des Schweifes eine Verletzungsgefahr der Rute verhindern.
Wie auch die Abbildung zeigt, werden oftmals frisierte Stuten dem Hengst zugeführt. Die abgeschnittenen und nachgewachsenen Schweifhaare kommen dann einer Drahtbürste gleich und können das Paarungsorgan des Hengstes erheblich verletzen.

Auf dieser Abbildung wird die Reinigung der Scheide, des Afters und deren näherer Umgebung gezeigt. Ein Stück Kernseife und handwarmes Wasser genügen vollauf für diese Prozedur.
Diese hygienische Maßnahme wird auch bei älteren Stuten empfohlen. Wir wollen eine möglichst keimarme Umgebung schaffen.
Bei einer so gut vorbereiteten Stute sollte unnötige Staubentwicklung am Bedeckungsort vermieden werden.

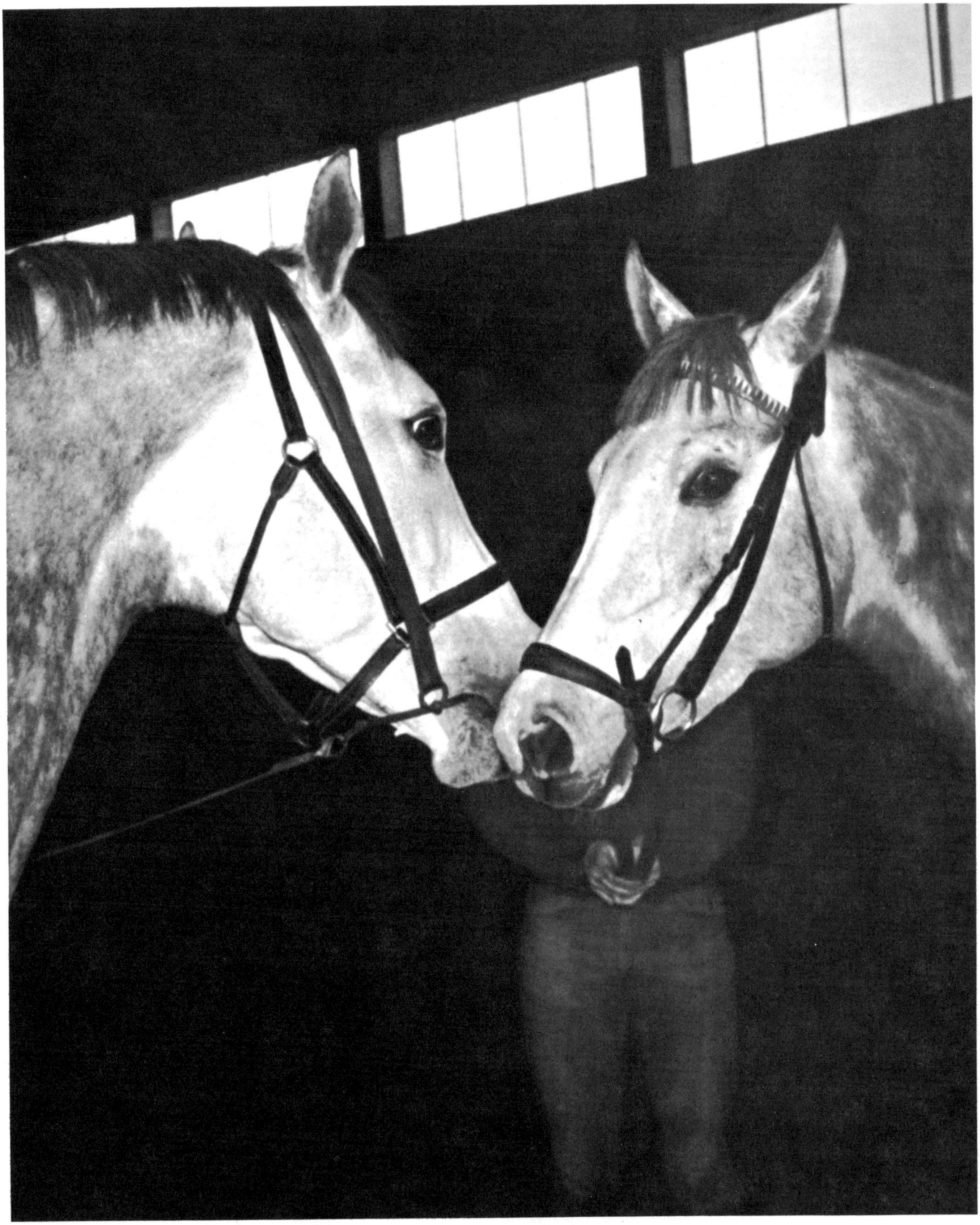

Ist nun der Höhepunkt der Rosse durch mehrtägiges Abprobieren festgestellt worden bzw. hat der Tierarzt durch die Follikelkontrolle (rektale Untersuchung) den Eisprung konstatiert, kann die eigentliche Bedeckung der Stute beginnen.
Um nicht von der Witterung abhängig zu sein, wird der Deckakt in einer eigens dafür geschaffenen Deckhalle vollzogen. Auch Tennen, Scheunen und Reithallen sind bestens dafür geeignet.
Der Hengst kann sich so besser auf seine Aufgabe konzentrieren und wird nicht durch Umwelteinflüsse abgelenkt.

Die Deckhalle sollte hoch genug sein, damit sich der Hengst ohne Verletzungsgefahr in voller Größe aufrichten kann.
Auch dürfen keine überstehenden Mauern, Balken oder abgestellte Geräte in der Deckhalle vorhanden sein. Nicht nur der Hengst und die Stute, sondern auch das Personal sind sonst im Höchstmaß unfallgefährdet.
Als Deckhallenboden hat sich am besten Flußkies bewährt. Ein solcher Boden ist für den Deckhengst sehr griffig, läßt sich gut desinfizieren, und auch die Staubentwicklung ist auf ein Minimum herabgesetzt.

Bevor der Hengst die Stute bespringt, muß sie an den Hinterbeinen gefesselt werden. Dies geschieht einzig und allein zum Schutz des Hengstes; abgesehen davon kann sich der Hengsthalter den Ausfall eines derartig wertvollen Hengstes in der Deckperiode durch eine Schlagverletzung nicht leisten. In den staatlichen Hengstdepots und Deckstellen ist das Spannen der Stuten sogar vorgeschrieben.
Die Fessel- oder Spannstricke werden so angebracht, daß sie beim Verhaspeln der Hinterbeine sofort gelöst werden können. Empfindliche Jungstuten sollten wenigstens mit einem Spannstrick am linken Hinterbein gefesselt werden.
In England vielfach benutzt und auch hierzulande anzutreffen sind die Hufschuhe. Sie sind meistens aus Filz gefertigt, gut ausgepolstert und werden den Stuten an die Hinterbeine geschnallt. Auch diese Methode bietet dem Hengst einen gewissen Schutz vor Schlagverletzungen.

Die Deckzeiten sind heutzutage nicht mehr so streng geregelt, wie es bisher der Fall war. Jedoch hat die Zeitspanne vom 15. Februar bis 15. Juli in den europäischen Ländern weiterhin ihre Gültigkeit.

Der »freie Sprung«, wie er in der Wildbahn zu beobachten ist, kommt bei unserer Kulturpferdezucht nicht mehr zur Anwendung, sondern einzig der sogenannte »Sprung aus der Hand« des Gestütswärters, der den Hengst an einem Führzügel an die zu bedeckende Stute heranbringt.

Nach Möglichkeit sollte der Hengstwärter den Hengst so erziehen, daß er ohne Hilfe das Deckgeschäft erledigt, d. h. dem Hengst selbst das Einführen der Rute überlassen und keinerlei stützende oder haltende Aufgaben am Tier übernehmen.

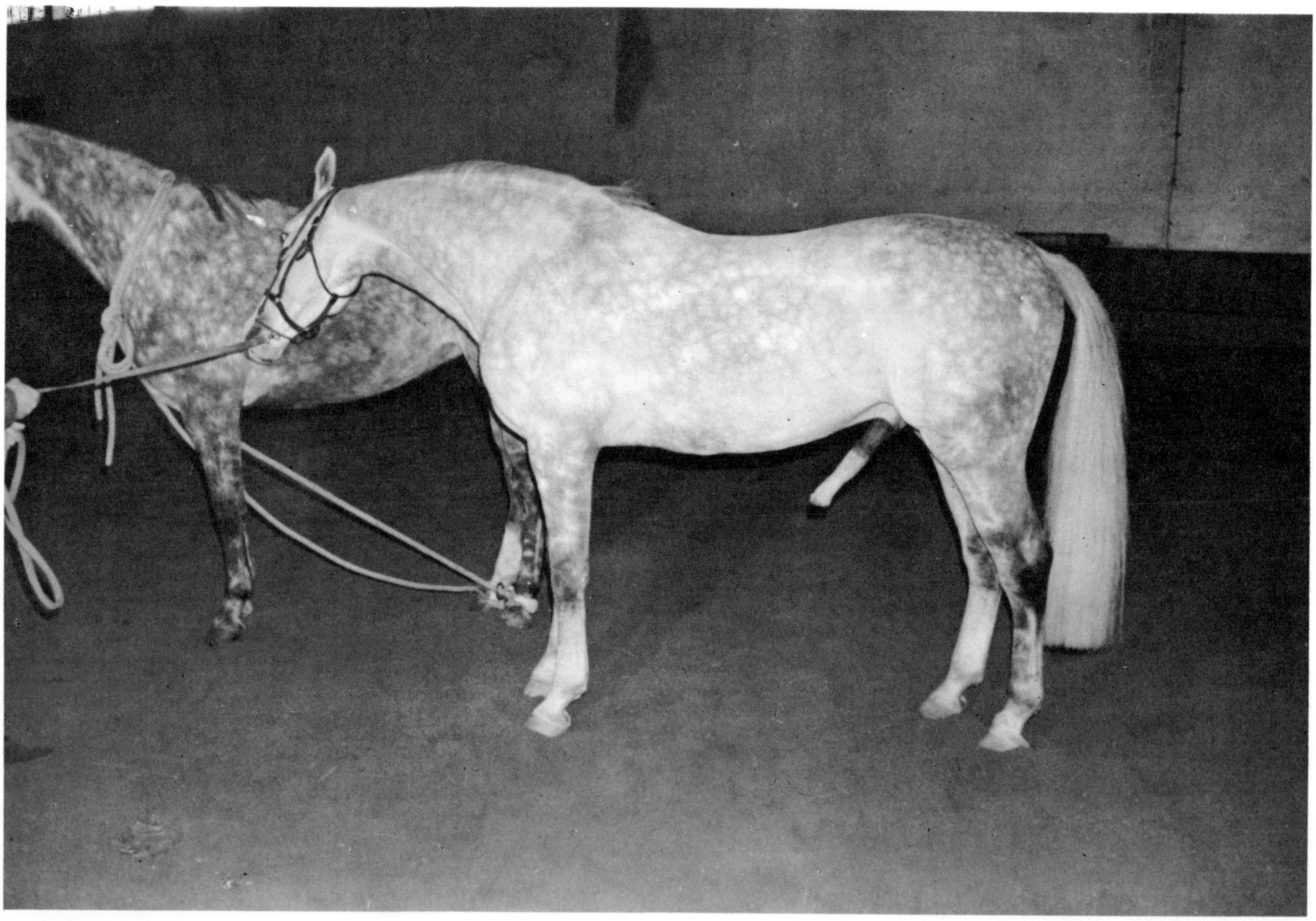
16

Auf diesem Bild ist der Hengst in voller Aktion.
Deckmanier und Decklust sind bei den einzelnen Hengsten grundverschieden. Sie können durch Umwelteinflüsse, Standortwechsel, Fütterungs- und Haltungsfehler sowie mangelnde Bewegung negativ beeinflußt werden.

Es gibt Hengste, die bei den zu deckenden Stuten sehr wählerisch sind. Einige decken nur ungern Stuten mit »Fohlen bei Fuß«, andere lassen sich vom Geruch der Stuten, von deren Farbe oder ihrem Alter beeinflussen. Der Hengstwärter wird dann meistens auf eine harte Geduldsprobe gestellt. Oft haben aber gerade diese Hengste eine Lieblingsstute, die der Hengstwärter in solchen Fällen geschickt einsetzen sollte.
Sehr vorteilhaft ist es sowohl für den Hengst als auch für die Stute, wenn für die Zeit des Deckgeschehens eine ruhige, geräuscharme Atmosphäre geschaffen worden ist.

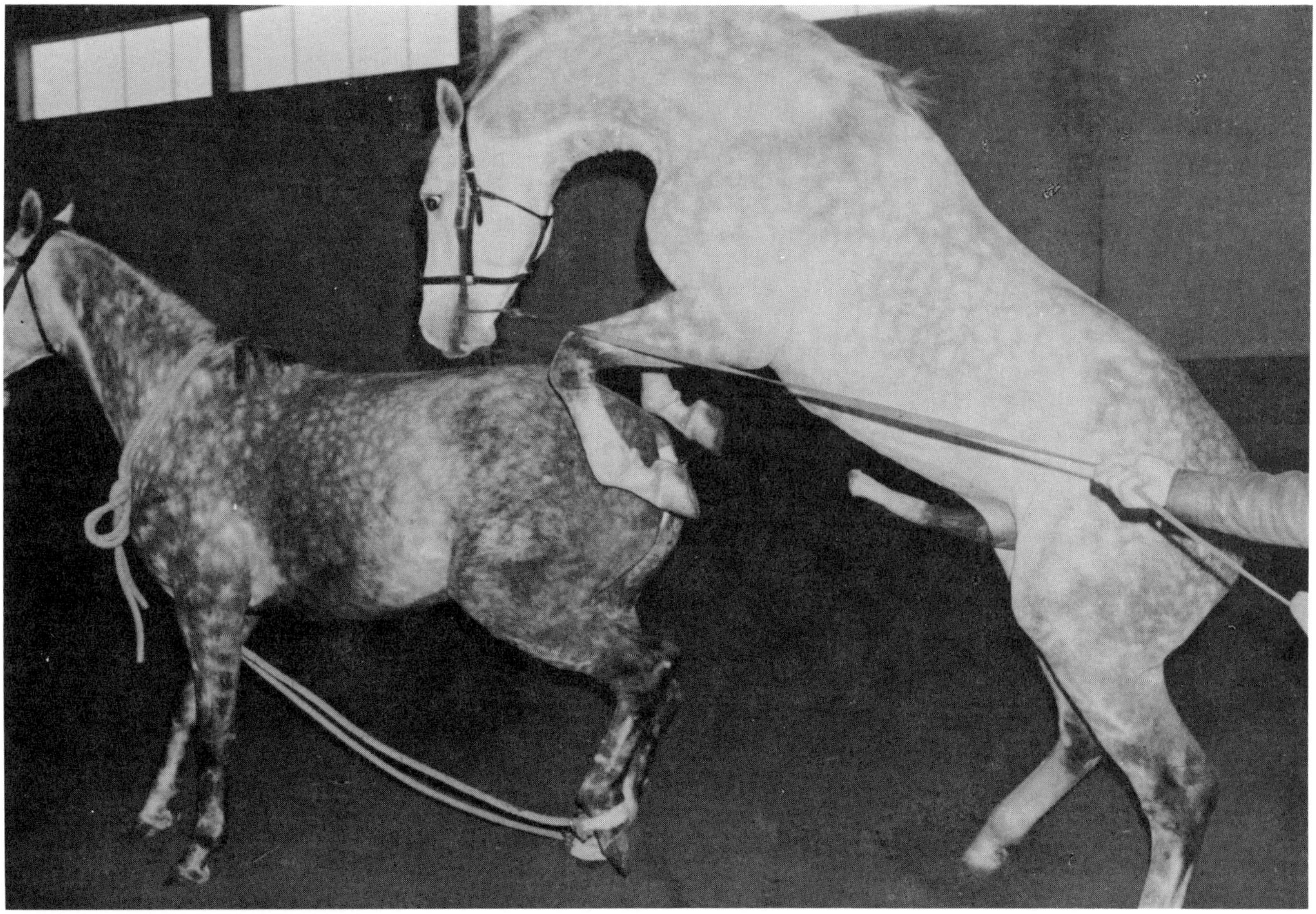

Bei Junghengsten sollte man besonders vorsichtig sein. Allzu schnell ist solch ein hochsensibles, erregtes Tier durch unüberlegtes Handeln des Wärters für alle Zeiten verdorben. Ruhiges Zureden und Loben nach getaner Arbeit wird die Deckfreudigkeit des Hengstes steigern.

Bedeutendere Größenunterschiede zwischen Hengst und Stute werden durch geschicktes Höher- oder Tieferstellen des weiblichen Tieres ausgeglichen. Der erfahrene Hengsthalter wird dem Junghengst am Anfang nur gut rossende und vor allem gut stehende Stuten zuführen.

Es ist einleuchtend, daß einem Junghengst die Stutenanzahl vorgeschrieben wird. Eine übermäßige Belastung im ersten oder zweiten Jahr ist der Lebens- und Leistungsdauer eines jungen Hengstes nicht förderlich.

Auch einem volljährigen Hengst sollte man nicht mehr als 3–4 Sprünge pro Tag zumuten. Die Zeitabstände zwischen den einzelnen Deckakten dürfen keinesfalls unter 3 Stunden liegen. Für das Durchstehen einer solchen Deck-Saison ist es unbedingt erforderlich, daß der Hengst ausreichend mit Proteinen, Vitaminen und Mineralstoffen versorgt wird.

Im Gegensatz zum Bullen, der in den Scheidenvorhof abdeckt, ist der Hengst ein Gebärmutterbesamer.
Das völlige Abdecken des Hengstes braucht keineswegs selbstverständlich zu sein. Die Samenabflußkontrolle sollte durch den Hengstwärter erfolgen. Durch das leichte Anlegen seiner Hand an das untere Paarungsorgan ist der Samenerguß deutlich spürbar.

Bei einem Deckakt verausgabt der Hengst ca. 80–150 ccm Samenflüssigkeit, das sind in der Regel 5–6 Milliarden Spermien. Sie werden in den Hoden, Nebenhoden und den Anhangdrüsen des männlichen Geschlechtsapparates gebildet. Bei den Großtieren wie z. B. Pferd und Rind kommt es normalerweise zur Befruchtung durch ein einziges Sperma. Die Lebensfähigkeit wird bei Zimmertemperatur mit 2–3 Stunden angegeben. Der Samen des Hengstes dagegen ist äußerst empfindlich und läßt sich im Gegensatz zum Bullensamen nur sehr schwer konservieren.

Jedoch ist es Prof. Dr. Merkt von der Tierärztlichen Hochschule Hannover gelungen, Hengstsamen durch ein Tiefkühlverfahren aufzubewahren und positiv anzuwenden.

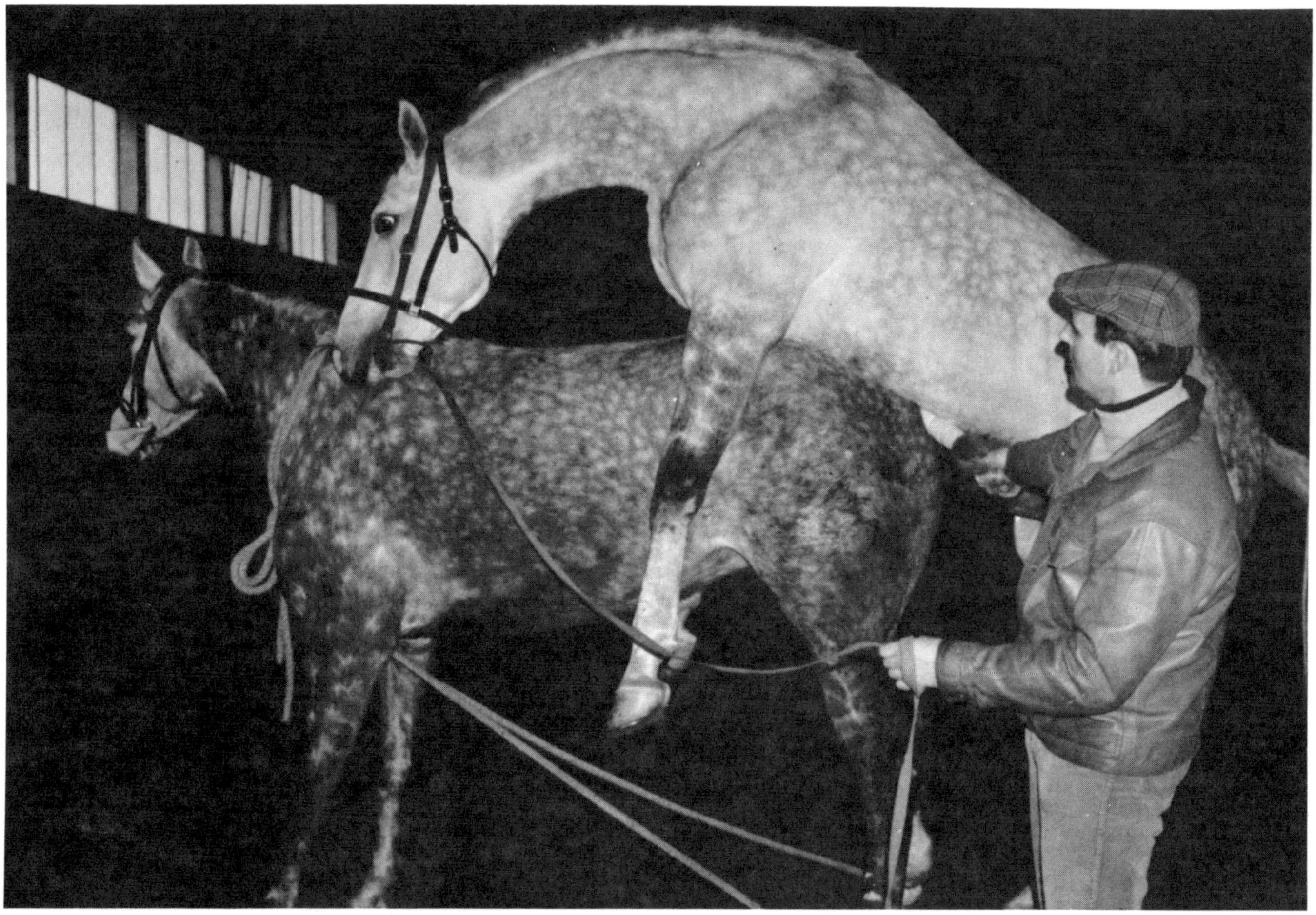

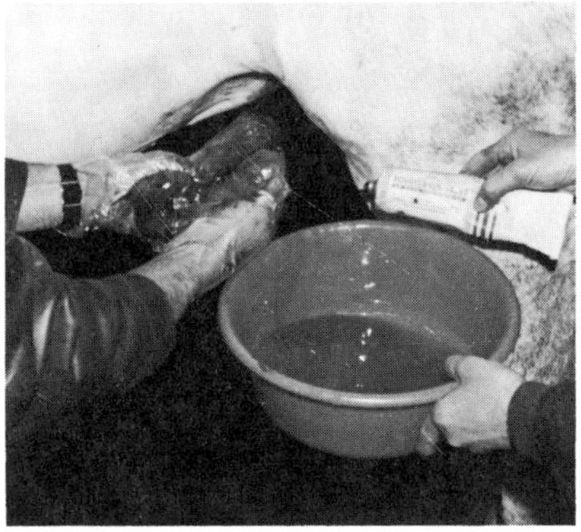

Für den Erfolg der züchterischen Arbeit sind beim Deckgeschäft die hygienischen Maßnahmen des Hengsthalters von großer Bedeutung. Nach jeder Bedekkung sollte der Hengstwärter die Rute des Hengstes mit einer handwarmen Desinfektionslauge (Sagrotan) abwaschen. Die Entfernung von Scheidensekret, Haarteilen und Schmutz verhindert eine Deckinfektion und damit das Übertragen von krankmachenden Keimen auf andere Mutterstuten.
In Abständen von 10–15 Tagen sollte dann eine Einbalsamierung des Paarungsorganes mit einer Decksalbe (Bovoflavin) erfolgen. Die Handhabungen am Glied des Hengstes müssen ausschließlich mit Gummi- oder Plastikhandschuhen durchgeführt werden.

Nach erfolgter Bedeckung werden die Fesselstricke gelöst, und die Stute wird etwa 5 Minuten ruhig geführt.

Schnelles Reiten, Jagen oder Fahren ist unsinnig und hat zu unterbleiben. Das Hinterteil der eben gedeckten Stute mit kaltem Wasser zu begießen, ist laienhaft und hat mit erfolgversprechender Befruchtung nichts zu tun. Der Befruchtungsprozentsatz eines Deckhengstes sollte in der heutigen Zeit, da die Gestüte eng mit der Veterinärmedizin zusammenarbeiten und sich der neuesten Erkenntnisse der Wissenschaftler bedienen, nicht unter 75–80% liegen.

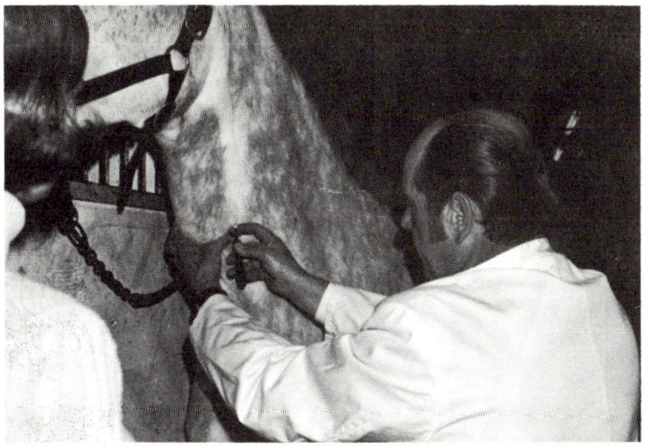

Die Trächtigkeit einer Stute läßt sich durch eine Rektaluntersuchung feststellen. Sie kann von einem geübten Veterinär schon 18–20 Tage nach der letzten Bedeckung (Sensibilisierungsstadium) durchgeführt werden. Der Züchter erhält so – in enger Zusammenarbeit mit seinem Tierarzt – die schnellste Gewißheit, ob die voraufgegangene Bedeckung positiv oder negativ verlaufen ist. Bei negativem Untersuchungsergebnis kann er sofort Maßnahmen und Vorbereitungen für eine erneute Bedeckung am 21. Tag treffen.
Ein weiterer Frühnachweis der Trächtigkeit ist der Miptest. Dieser sereologische Nachweis wurde in jüngster Zeit in den USA entwickelt und ist vom 40. Tag an möglich. Die Genauigkeit des Miptestes wird mit 97% angegeben. Seine Vorteile bestehen darin, daß der Tierarzt die Diagnose bereits 2 Stunden nach erfolgter Blutabnahme aussprechen kann.

Die Untersuchung von Blutserum nach Schwangerschaftshormonen bietet eine 95prozentige Sicherheit und ist vom 45.–145. Tage möglich. Das Untersuchungsmaterial (Blut) soll ca. 50 ccm betragen und muß sauber entnommen werden. Es sollte anschließend kühl gelagert und so schnell wie möglich (Expreßgut) – mit dem Namen der Stute und dem letzten Deckdatum versehen – an eines der Untersuchungsinstitute eingesandt werden. Im Institut werden mit dem Blutserum der Stute vier weibliche weiße Mäuse injiziert und später an den Veränderungen ihrer Gebärmutterstränge das Ergebnis ermittelt.
Die Harnuntersuchung nach Schwangerschaftshormonen ist möglich nach dem 120. Tag. Dieser Methode bedient man sich, soweit mir bekannt ist, ziemlich selten.

Zusammenfassend kann gesagt werden, daß unter Berücksichtigung des Resorptionsgeschehens eine endgültige Trächtigkeitsfeststellung erst vom 3. Monat an möglich ist.

Der Herbst hat seinen Einzug gehalten. Die letzten Blätter sind von den Bäumen und Sträuchern gefallen. Die Sonne steht tief am Himmel und wirft lange Schatten auf die kahl gewordenen Weiden.

Für den Fachmann ist die sichtbare Trächtigkeit der Stuten unschwer zu erkennen. Eine ruhige ausgeglichene Atmosphäre strahlt diese Mutterstutenherde aus. Die Tiere werden in ihren Bewegungen langsamer – gelassener.

Der umsichtige Pferdemann, der seine Stuten lange genug besitzt und beobachtet hat, erkennt an ihrer Verhaltensweise sehr früh die Trächtigkeit.

Viele Züchter berichten, daß charakterlich schwierige Stuten mit zunehmender Trächtigkeit eine Wandlung durchmachen und letztlich sehr umgänglich werden.

Es ist Dezember. Der erste Schnee ist gefallen und die Erde steinhart gefroren.

Die hochtragenden Stuten kommen täglich und bei jedem Wetter in den Winterauslauf. Diese Maßnahme erscheint hart und sie ist es auch. Aber die Praxis hat gezeigt, daß bei Tieren, die sich langsam, täglich mit dem Lauf der Jahreszeit an die Temperaturunterschiede gewöhnen, keinerlei Schäden zu beobachten sind.
Die Stuten brauchen bei der morgendlichen und abendlichen Fütterung eine reichliche vitamin- und nährstoffhaltige Ration. Bei dem Aufenthalt im Freien verbraucht das Muttertier eine große Menge an Wärmekalorien. Die tägliche sauerstoffreiche Frischluft, die Bewegung und das Tageslicht sind Voraussetzungen für die Gesunderhaltung einer Mutterstute.
Eine natürliche Abnutzung der Hufe und ein hustenfreier Bestand sind weitere positive Begleiterscheinungen einer Freilufthaltung.
Eine Rauhfuttergabe von gesundem artenreichen Wiesenheu über die Mittagsstunden hat sich bestens bewährt.

Auf diesem Foto wird die Stute im Januar kurz vor der Abfohlung gezeigt; man beachte ihren mächtig seitlich ausgelegten Bauch.
Die winterliche Sonne hat nicht viel Kraft, aber sie wirkt doch ein wenig wärmespendend und wird vom Muttertier als wohltuend empfunden. Sehr gut zu beobachten sind in diesem Stadium der Trächtigkeit die Bewegungen des Fetus im Mutterleib.
Die Stuten dürfen bei Haltung im Freien auf gar keinen Fall geputzt oder gesäubert werden. Den abgesonderten Film der Haut oder der Körperporen brauchen die Tiere zum Schutz gegen die Witterungseinflüsse. Selbst bei anhaltendem Regen kann man, wenn man das Deckhaar vorsichtig auseinanderklafft, feststellen, daß die Haut trocken geblieben ist.
Man kann auch beobachten, daß Stuten, denen ein Weideschuppen zur Verfügung steht, nur dann von dem Unterstand Gebrauch machen, wenn es im Sommer draußen sehr heiß ist. Bei Wind und Wetter ziehen sie den Aufenthalt im Freien vor.

Hier nun eine gründliche Reinigung von Dreck, Staub und anderen Dingen, die sich am und im langen Winterfell einer Mutterstute abgelagert haben. Das Wasser ist natürlich warm, und als Shampoon sind die verschiedensten milden Mittel auf dem Markt, deren freie Wahl ich jedem Züchter selbst überlassen möchte. Äußerst wichtig ist es in jedem Fall, so lange nachzuspülen, bis das herunterlaufende Wasser wieder klar geworden ist. Man vergesse nicht, auf diese saubere, gepflegte Stute ein dementsprechendes Halfter zu legen, weil ein altes, speckiges, verkrustetes Halfter Brutbildungsstätte für krankmachende Keime sein kann.

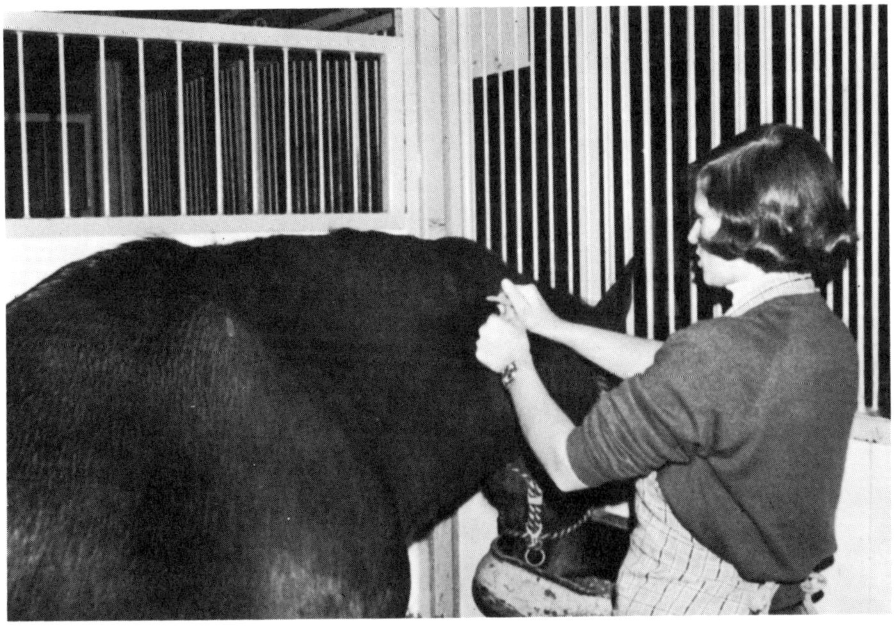

Noch immer können alle Arbeiten an der Stute erledigt werden, da sie ein Stadium der größten Ruhe erreicht hat – so das Frisieren der Mähne. Der Züchter entfernt die letzten Eier der Gastrofliege, und die Stute macht einen gepflegten Eindruck. Selbstverständlich gehört ebenfalls das Frisieren des Schweifes dazu.

Auch die letzte Hufpflege sollte zu diesem Zeitpunkt erledigt werden. Das Abnehmen der Eisen ist unerläßlich, auch wenn sie keine Griffe und Stollen haben, da eine Verletzungsgefahr der neugeborenen Fohlen dadurch weitgehend ausgeschlossen wird.

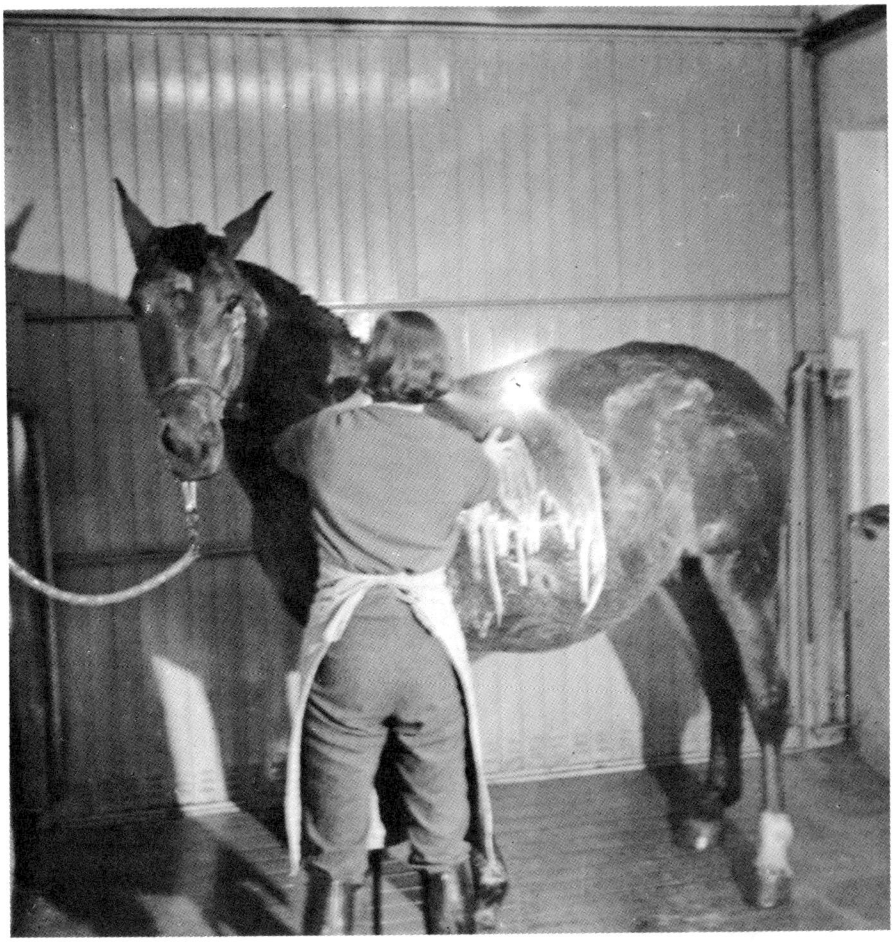

Die Vorbereitung einer geburtswürdigen Abfohlbox ist unerläßlich. Sie darf nicht zu klein sein: 3×4 m und 5×4 m sind die gebräuchlichsten Maße.

Die Box sollte nicht zu warm sein und gut mit sauerstoffreicher Frischluft versorgt werden, jedoch darf keine Zugluft entstehen.
Die Fensterfläche sollte mindestens 1/20, noch besser 1/5 der Grundfläche betragen.
Grelles Licht in der Nacht ist zu vermeiden. Scharfe Kanten oder sogar Nägel, Bolzen und Schrauben sind zu entfernen.

Eine gründlich gereinigte, gut desinfizierte und mit einer sauberen reichlichen Streu versehene Box ist die Grundvoraussetzung für eine hygienisch einwandfreie Geburt.

In jedem größeren Zuchtbetrieb sollte während der Abfohlperiode ein handlicher, staubgeschützter Abfohlkasten bereitstehen. Es ist keine Übertreibung, wenn ich behaupte, daß der Abfohlkasten der Spiegel eines jeden Zuchtstalles ist.

Er erfüllt nur dann vollauf seinen Zweck, wenn die darin aufbewahrten Gegenstände wirklich sauber und übersichtlich untergebracht sind. Zum Inhalt eines gut ausgerüsteten Abfohlkastens sollte gehören: 1 Paar Bandagen mit Klammern, Mullbinden, Schere, Handtücher, Plastikhandschuhe, Kernseife, Sagrotan oder sonstige milde Desinfektionsmittel, Jodtinktur (mit Alkohol angereichert), Schürzen, Schnapsglas, Plastikbeutel, Kordeln, Geburtsketten, 2 Eimer, Gestinal oder irgendein Öl (Paraffin), Thermometer, Irrigator, sterile Spritze mit Kanülen und Impfstoff.

Das Aufeutern beginnt 4–6 Wochen vor der Geburt. Auf dieses Anzeichen sollte der Züchter sich allerdings nicht verlassen, denn die Praxis hat gezeigt, daß die Fohlen mit und ohne Euter fallen können. In der Regel weisen die hochtragenden Muttertiere kurz vor der Geburt ein pralles, wohlgeformtes Euter auf.
Harztropfen, die anfangs sehr klein und durchsichtig sind, werden unmittelbar vor der Geburt stärker und krustiger. Normalerweise beginnt die Harzung 1–3 Tage vor der Geburt. Die Harztropfen versperren die Milchkanäle an den Zitzenenden. Sie werden des öfteren mit dem Schweif abgeschlagen und schieben sich stets erneut nach.
Der erfahrene Futtermeister reduziert kurz vor der Geburt das Futter, damit die Milch nicht zu früh einschießt oder sogar Tage vorher in die Streu läuft.
Bei einigen Tieren kommt es auch zu starken Schwellungen (»Milchwanne«) an der unteren Bauchseite, die mit zunehmender Säugetätigkeit der Fohlen wieder abnimmt.
Die tägliche Milchmenge wird mit 10–20 Litern und das spezifische Gewicht mit 1,035 angegeben. Natürlich steigt die Milchleistung langsam an und hat 6 Wochen nach der Geburt ihren Höhepunkt erreicht, um dann wieder langsam abzusinken.
Stutenmilch besteht zu 90 % aus Wasser und zu 10 % aus festen Bestandteilen. Interessant ist vielleicht noch zu wissen, daß der Fettgehalt mit 1,1 % wesentlich geringer ist als der unserer Kuhmilch (4,5 %). Dafür liegt der Zuckergehalt mit 6,3 % sehr hoch.
Das Euter sollte vor und nach der Geburt ganz besonders sorgfältig gereinigt werden. Lauwarmes Seifenwasser ist hierfür bestens geeignet. Stuten, die das erste Mal fohlen, sollte man vorsichtig auf die Milchspendung vorbereiten. Gefühlvolle Eutermassagen vor der Geburt sind hier angebracht. Die Stutenmilch, insbesondere die Biestmilch (Kolostrum), enthält eine geballte Ansammlung von Schutzstoffen, die den Fohlen in den ersten Lebensstunden unbedingt zugute kommen muß.
Es ist daher sehr wichtig, daß das Fohlen gerade diese Milch erhält, zumal dieselbe auch für den reibungslosen Abgang des Darmpechs sorgt.

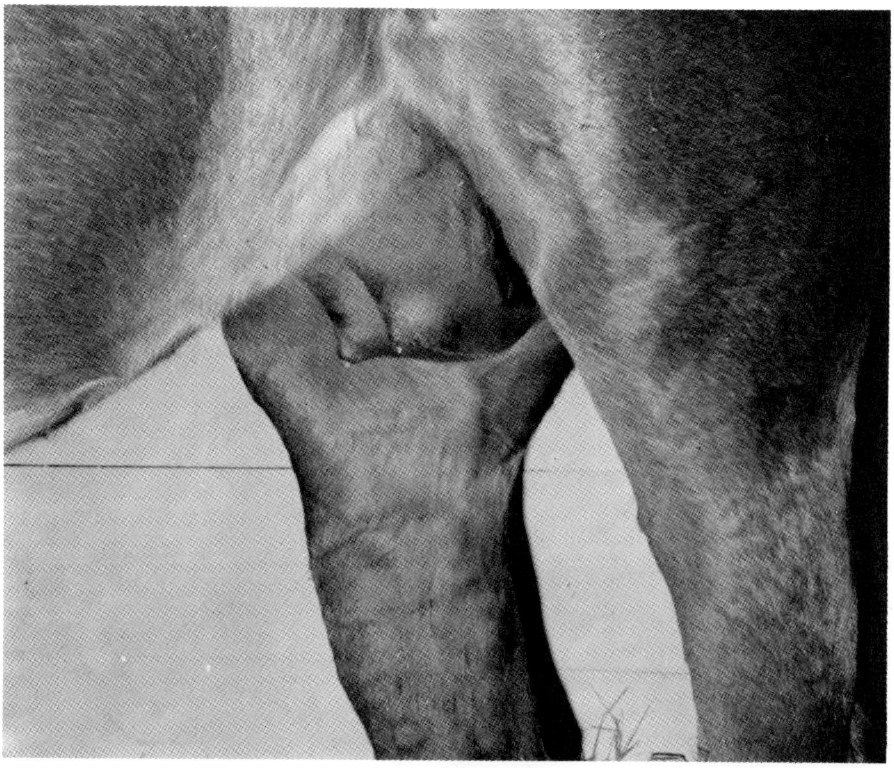

Es ist 20.30 Uhr. Ein geduldiges Warten beginnt. Jetzt sollte man die Stute nach Möglichkeit nicht mehr stören und sie bis unmittelbar vor der Geburt sich selbst überlassen.
Das Beobachten der Stute aus dem Hintergrund jedoch schult das Auge eines jeden Züchters, und er lernt so die Eigenart und das Verhalten seiner Stute vor der Geburt genau kennen.
Man kann beobachten, daß es Muttertiere gibt, die, wie ihrem Verhalten zu entnehmen ist, mit der Anwesenheit des Menschen zu dieser Zeit ganz und gar nicht einverstanden sind. Wiederum andere Stuten suchen den Kontakt und die Fürsorge ihres Herrn.

Jedenfalls sollte eine Nachtwache eine Nachtwache sein und keine Schlafwache.

Der aufmerksame Beobachter unter den Züchtern stellt fest, daß die hochtragenden Stuten eine vermehrte Wasseraufnahme benötigen.
In der Tat steigt der Verbrauch an Trinkwasser vor der Geburt um ein paar Liter an. Diese Beobachtung konnte ich jedoch nur bei Stuten machen, denen eine Selbsttränke zur Verfügung stand.
Meiner Meinung nach ist der Grund für dieses »spielerische Saufen« ein wenig Nervosität und für den Gestütsmann ein sicheres Zeichen der nahenden Geburt.

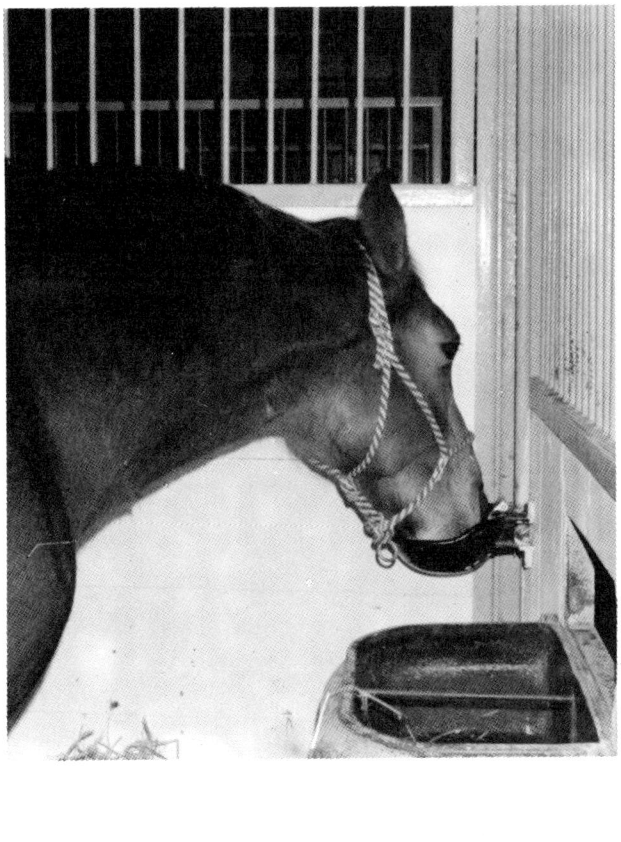

Auf diesem Bild erkennen wir sehr deutlich den stark durchhängenden Leib der Mutterstute.

Der Bauch wird, wenn die Tragezeit zu Ende geht, an der Unterseite etwas spitz. Die Beckenmuskulatur sowie Bänder sind durchsaftet und stark eingefallen, so daß die Lenden und die Nierenpartie unschön hervorragen. Eine Flankenleere ist auch entstanden.
Die Stute macht äußerlich einen ruhigen Eindruck, jedoch ist ihr Auge sehr wach und im Ausdruck ein wenig ängstlich. Zu diesem Zeitpunkt darf sich die Stallwache nicht mehr entfernen.
Die Stute wird von einer inneren Unruhe in beliebig langen Zeitabständen »vorwärtsgetrieben«. Dieses »Wandern« in der Box kann sogar bis zu 3 Tagen vor der Geburt einsetzen. Häufiges Misten und Scharren in der Streu sind zu beobachten. Der erfahrene Pferdemann kürzt vor der Geburt die Heurationen, um ein unnötiges Vollstopfen des Magen- und Darmkanals zu verhindern, was die Geburt erschweren könnte.

Ich betone nochmals, daß es kein hundertprozentiges Rezept gibt, frühzeitig den Beginn einer Fohlengeburt zu bestimmen. Nur der geübte Züchter, der seine Stuten täglich beobachtet, erkennt aus der Verhaltensweise und Vielzahl von Anzeichen die unmittelbar bevorstehende Geburt.

Ein paar Stunden später bekommen wir dieses Bild zu sehen. Die Mutterstute ist inzwischen sehr beweglich geworden und das anfängliche zeitweise »Wandern« hat sich in eine Dauerbewegung gewandelt. Die Stute zeigt kolikartige Erscheinungen, die sich darin äußern können, daß sich das Tier ständig umschaut, im Stroh Berge zusammenscharrt, die Hinterbeine stark unter den Leib zieht und, wie es auf dem Bild hier sehr gut sichtbar ist, in einer typischen Haltung – den Kopf suchend abwärts gerichtet – die Box durchquert.

Auch kommt es vor, daß sich die Stuten an allen möglichen Körperstellen scheuern und sich gegen die Boxenwände werfen. Andere Stuten wiederum beißen in Wände und Krippen, ja sogar in die eigenen Körperteile. Mutterstuten, die die ganze Tragezeit über sehr friedfertig waren, werden praktisch über Nacht äußerst aggressiv und dulden selbst den über die Boxenwand gestreckten Kopf der Nachbarin nicht mehr.
Das Muttertier ist mit einem Mal sehr edel, sehr wach geworden. Die Adern treten hervor, und die Stute fängt an zu schwitzen.

Eine lebhafte Bewegung der Frucht ist zu beobachten. Die Bewegungen des zu erwartenden Fohlens können so heftig sein, daß sie das ganze Muttertier ins Wanken bringen.
Der Schweif wird im Bogen getragen, und er registriert jegliche aus der Stute kommenden Impulse, indem er hochzuschnellen scheint. In Anpassung an das mütterliche Becken dreht sich die Frucht von der Rückenlage in die Bauch- und Brustlage. All dies bezeichnet man als Vorwehen.

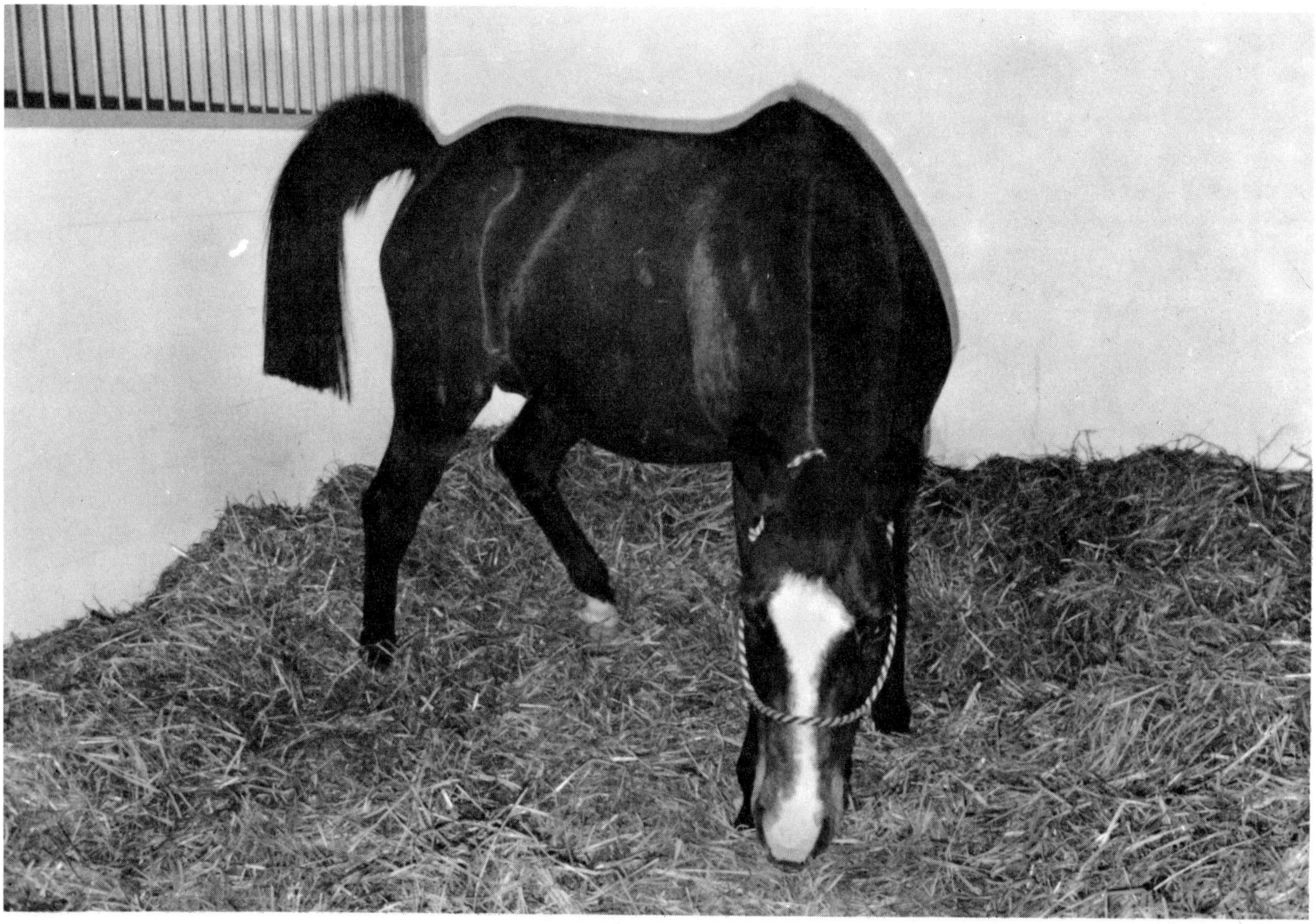

Nun tritt der Geburtshelfer zum ersten Mal in Aktion.
Das Einbandagieren des Schweifes kostet nicht viel Mühe und ist, wenn die Stute festgehalten oder angebunden wird, recht schnell erledigt: Wieder eine Maßnahme der Sauberkeit.
Die langen, wertvollen Schweifhaare können nun nicht durch Fruchtwasser, Blut und Plazenta verklebt werden oder bei der Geburt stören.
Zum Einbandagieren benutzen wir elastische Binden (andere halten nicht), die wir nach der Geburt wieder entfernen müssen, da sonst Durchblutungsstörungen auftreten.
Sollten später Komplikationen auftreten, die man zu diesem Zeitpunkt noch nicht voraussehen kann, wird Ihnen der Tierarzt für die geleistete Vorarbeit Anerkennung zollen.

Anschließend an das Bandagieren des Schweifes ist die Säuberung des Afters, der Scham und ihrer Umgebung vorzunehmen. Dies geschieht mit einem Stück Kernseife und handwarmem Wasser, das mit einem Schuß mildem Desinfektionsmittel angereichert wurde.
Man beachte auf dem Foto die längliche geschwollene Scheide und den mächtig seitlich ausgelegten Bauch der Mutterstute.

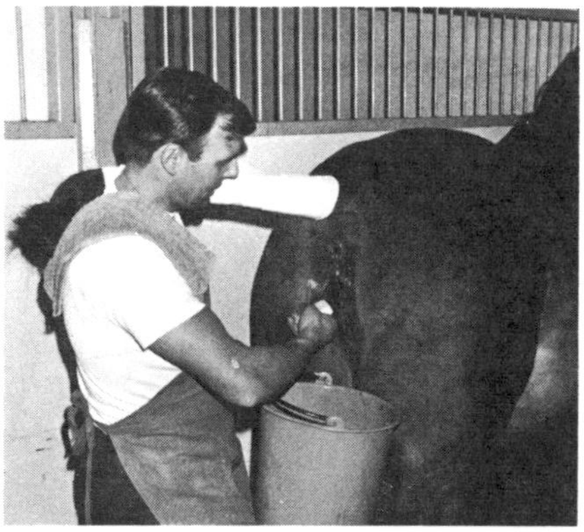

Die Wehen haben bereits eingesetzt und somit die Geburt eingeleitet: man bezeichnet das als Eröffnungsstadium. Die Einstellung der Frucht in die richtige Lage und das Öffnen des Muttermundes sind in dieser Phase schon geschehen.
Da die Fruchthülle (die spätere Nachgeburt) zu diesem Zeitpunkt noch fest mit der Gebärmutter verbunden ist, kann sie nicht mit der Frucht zusammen ausgestoßen werden.
Die Fruchtblase ist jetzt auf das Äußerste gespannt und zerspringt bei den stärker einsetzenden Wehen sehr schnell. Dadurch wird der Weg frei für das Fruchtwasser, das die Aufgabe hat, die Geburtswege zu befeuchten und dadurch gleitfähiger zu machen.

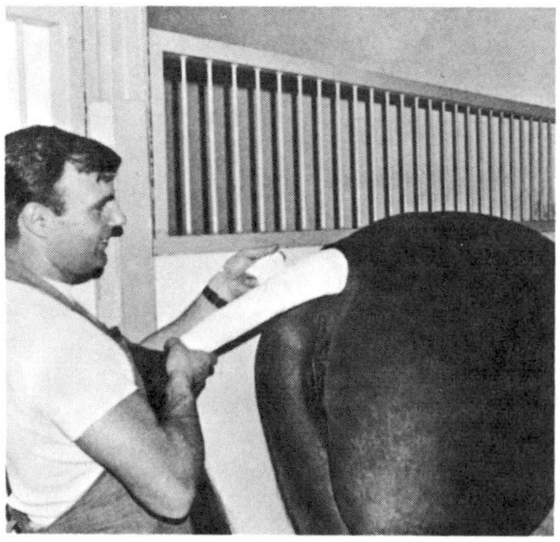

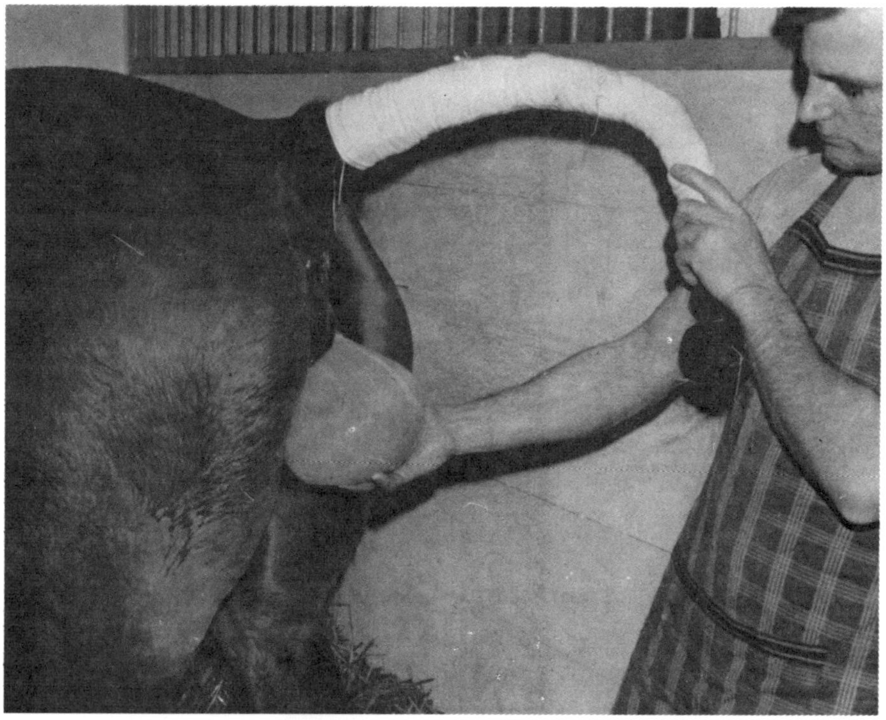

Die permanent stärker werdenden Wehen zwingen die Stute, sich endgültig niederzulegen. Der erfahrene Geburtshelfer kann jetzt eine erste flinke Kontrolle durchführen, ob die Lage des zu erwartenden Fohlens korrekt ist. Dabei verhalten sich alle anwesenden Personen ruhig und vermeiden hastige Bewegungen.

Jetzt muß der Geburtshelfer darauf achten, daß sich die Stute für das Austreibungsstadium günstig hinlegt. Auf diesem Bild liegt die Stute ideal. Sie läßt in dieser Lage eine ungehinderte Hilfeleistung zu.

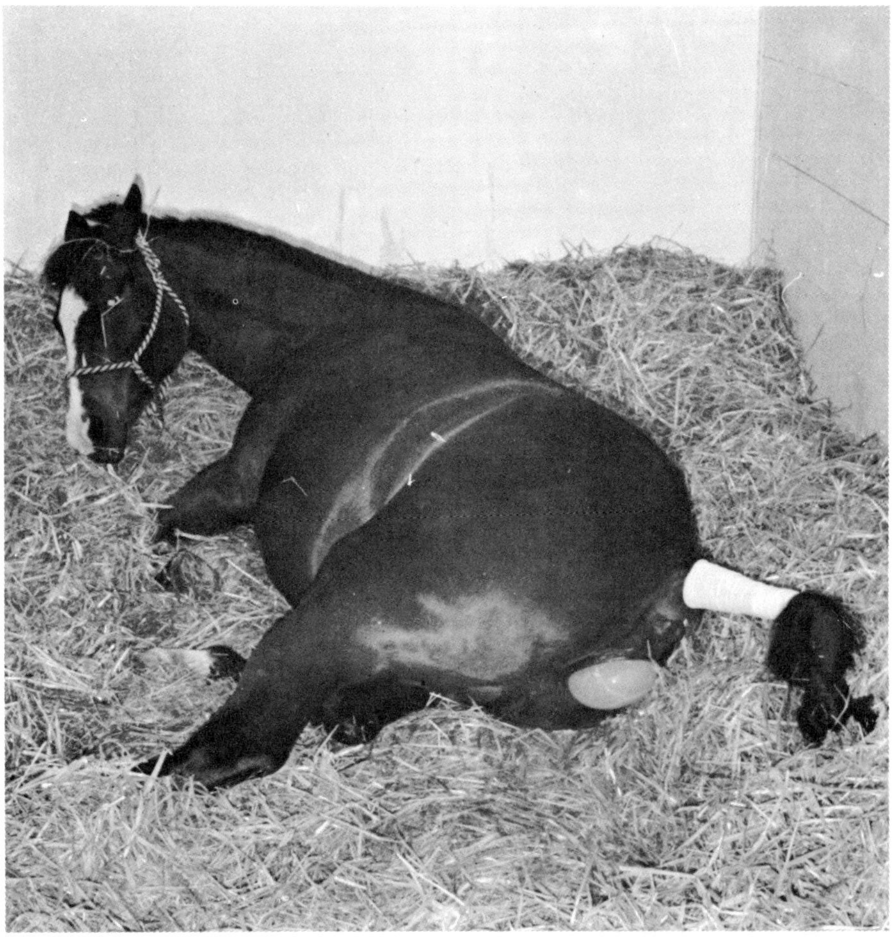

Hier ist die Stute wieder aufgesprungen. Die Fruchtblase ist inzwischen geplatzt, und ein Vorderbein des Fohlens ist bereits zu sehen.

Dieses Aufstehen und wieder Hinlegen dient dazu, die Geburtswege zu weiten. Besonders bei Jungstuten, die das erste Mal fohlen, kann man das beobachten. Ältere, erfahrene Stuten sind dagegen wesentlich ruhiger.

Sieht sie nicht herrlich aus in ihrer Wildheit? Den Kopf hat sie neugierig voller Erwartung dem Hinterteil zugewandt. In dem Ausdruck ihres Blickes liegen Angst und Schmerzen.

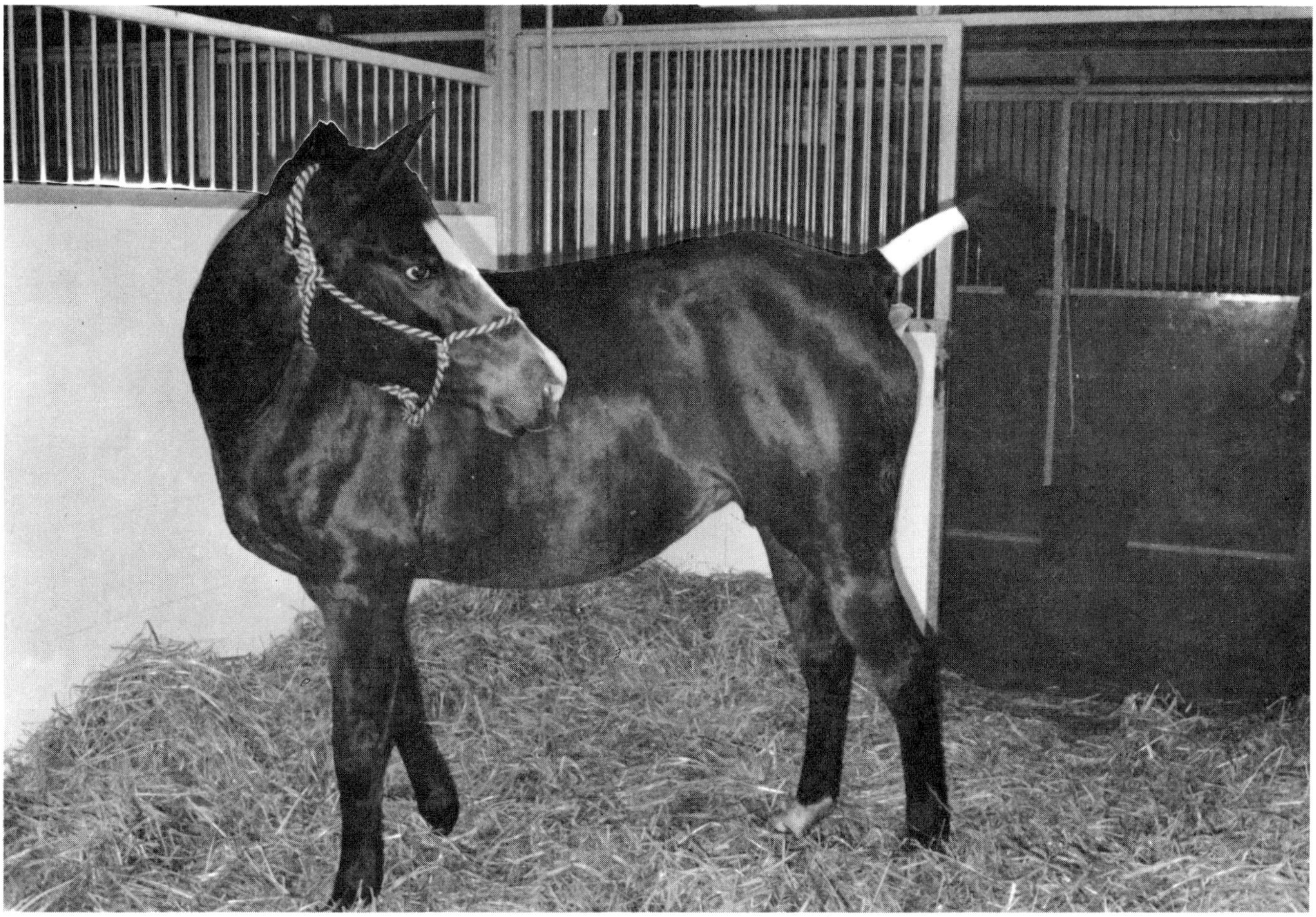

Unter heftigem Stöhnen und Pressen des Muttertieres schiebt sich die Frucht langsam vorwärts.
Beide Vorderextremitäten ragen bis zum Karpalgelenk, umgeben von der noch verschlossenen Eihaut, aus der Scheide.

Wichtig für den Geburtshelfer: Zu dieser Zeit darf noch keine Zughilfe geleistet werden! Die Stute soll, sie muß sich sogar ein wenig anstrengen. Bei zu früh einsetzender und zu rascher Hilfeleistung würden die Muskulatur und das Gewebe nicht ihre maximale Dehnungsfähigkeit erhalten. Die Folgen wären Verletzungen der Geburtswege (Scheiden- und Dammrisse).

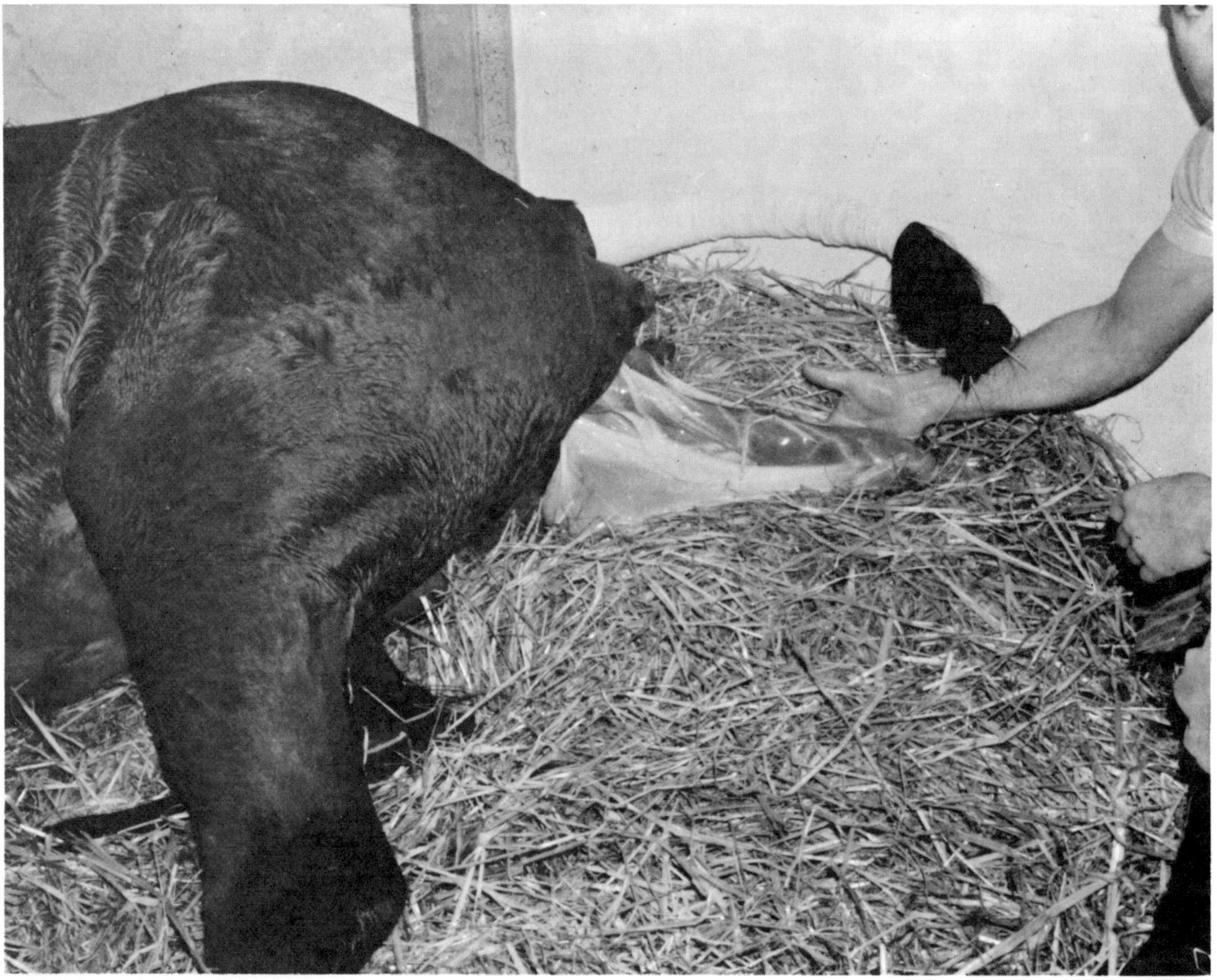

Erst wenn der Kopf des Fohlens mit seiner stärksten Stelle, das heißt über dem Auge, die Scheide passiert hat, kann der Geburtshelfer die Austreibung unterstützen. Er greift dabei mit beiden Händen um beide Vorderfesseln, wie es auf unserem Foto demonstriert wird.

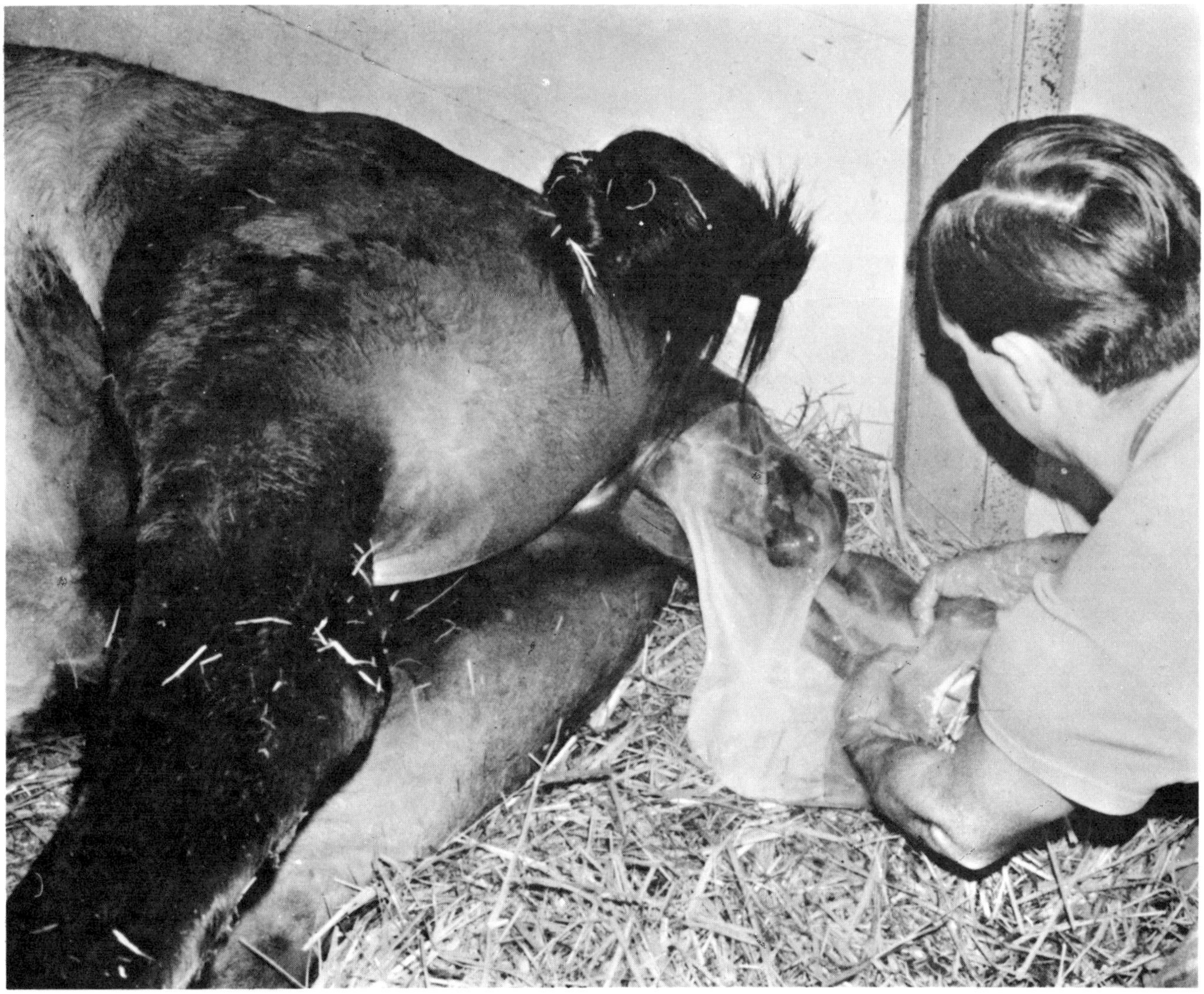

Wenn der Kopf die Geburtswege verlassen hat, kann die Eihaut geöffnet werden. Dabei achte man darauf, daß sie an der unteren Seite zertrennt wird. Die Eihäute weisen bei den einzelnen Stuten verschiedene Hautstärken auf, jedoch bereitet das Öffnen keinerlei Schwierigkeiten.

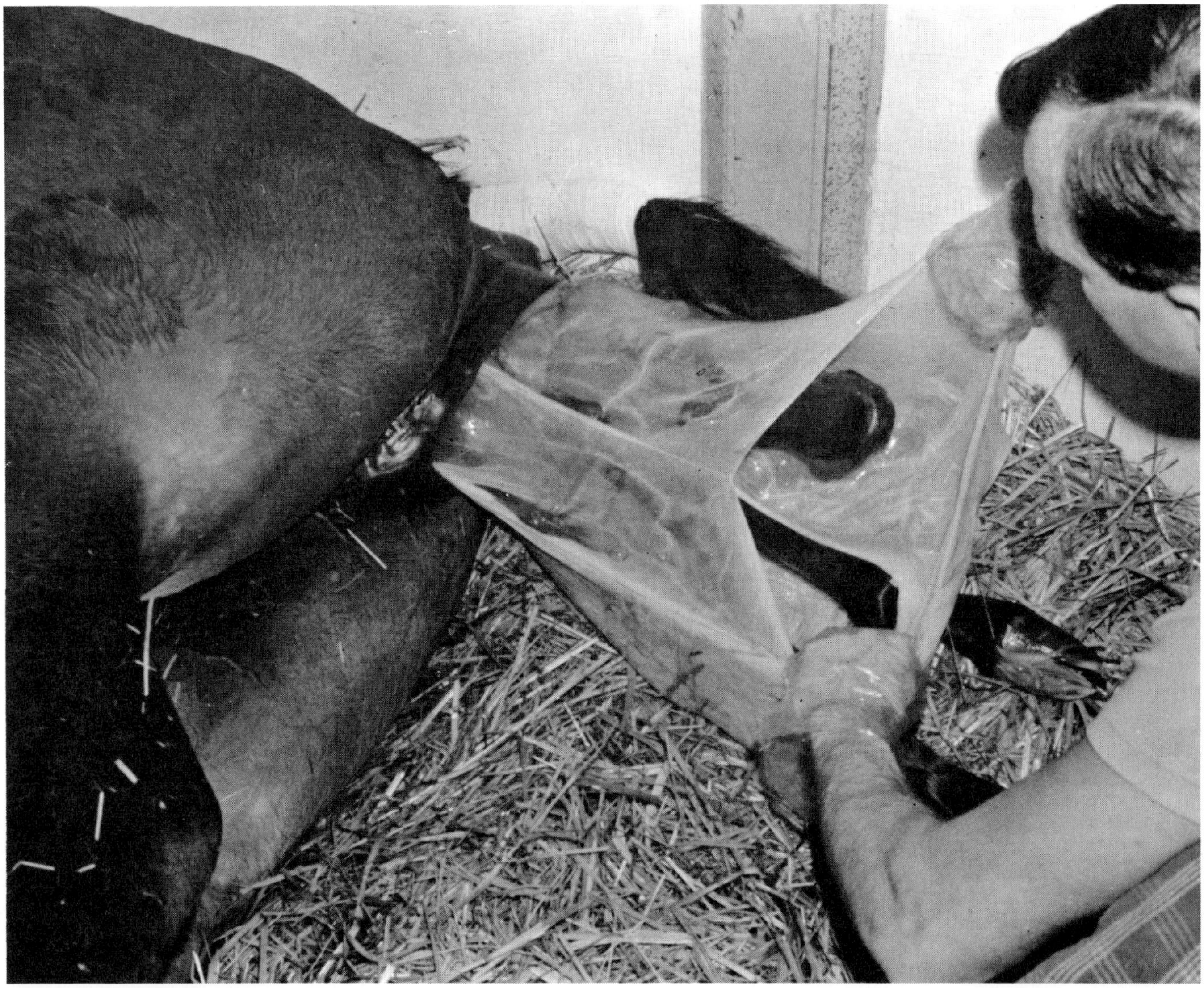

Hier wird nochmals sehr deutlich das Öffnen der Eihaut an der unteren Seite demonstriert. So geöffnet, werden die Hautlappen zu beiden Seiten nach oben geklappt und sind dem Geburtshelfer nicht mehr im Weg. Das angesammelte Fruchtwasser kann sofort entweichen.

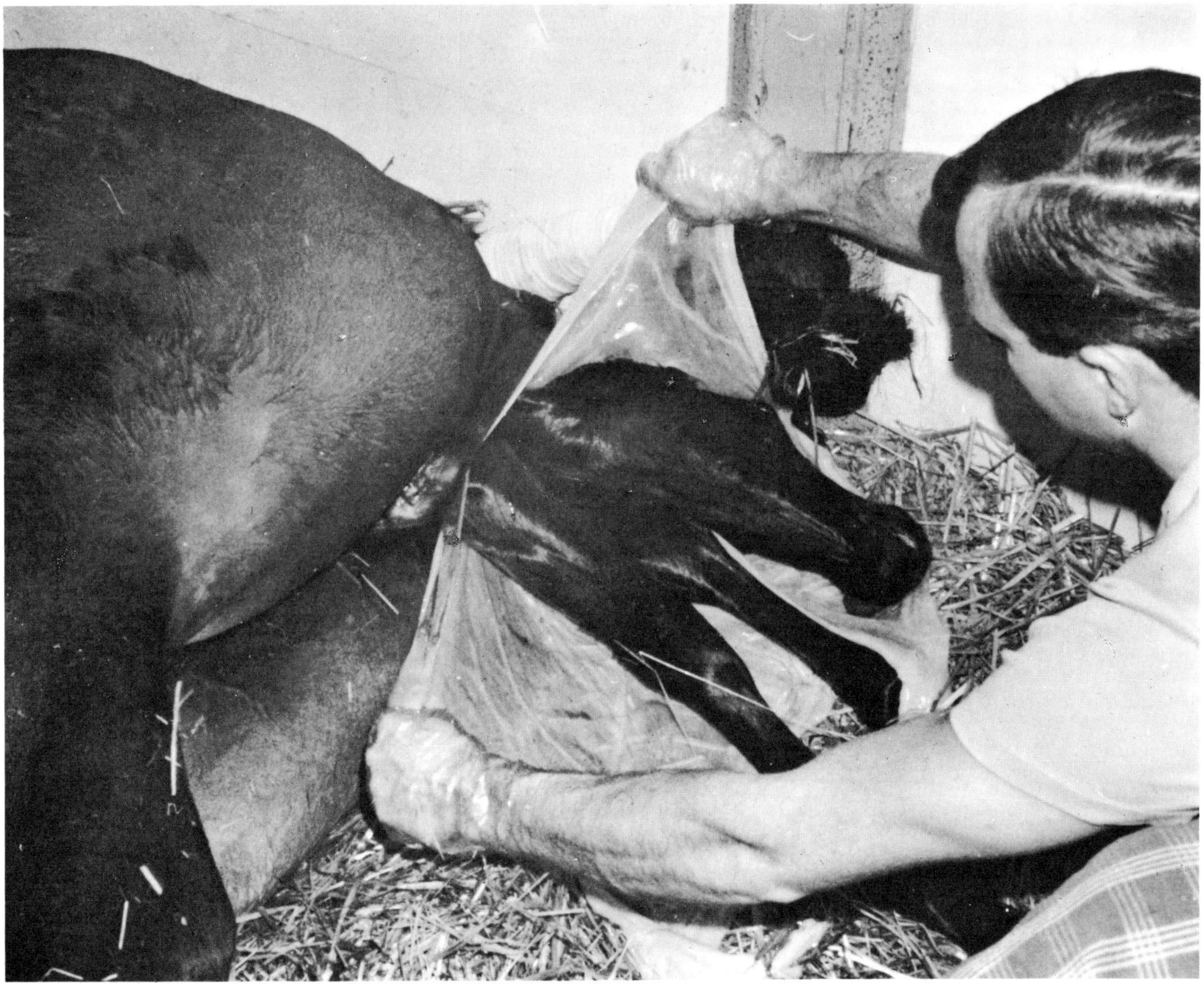

Kopf, Hals und Vorderextremitäten sind nun schon zu sehen. Der Hals liegt neben den Vorderbeinen, daher stockt die Austreibung ein wenig. Der Geburtshelfer fördert den normalen Bewegungsfluß der Geburt durch Anheben von Kopf und Hals auf die Unterarme.

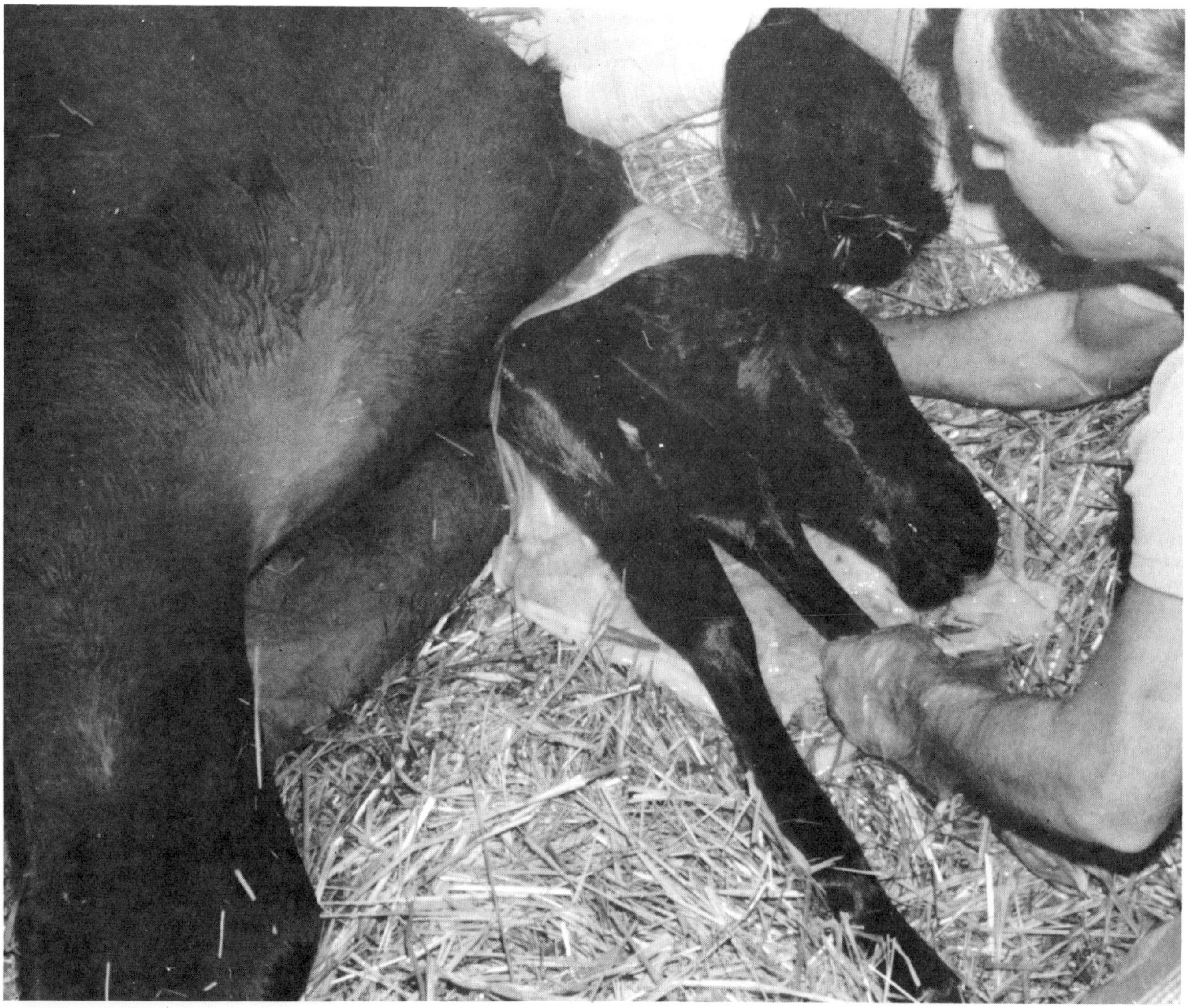

Auf diesem Foto werden beide Vorderbeine des Fohlens in Richtung der Sprunggelehke festgehalten. Wenn das Muttertier normale Wehen erkennen läßt, braucht keine Zughilfe geleistet zu werden. Es wird dann lediglich die Austreibung unterstützt, indem man das Fohlen dort festhält, wohin es die letzte Preßwehe der Stute gebracht hat. Der Kopf und der Hals werden zu dicsem Zeitpunkt nicht berücksichtigt. Sie müssen immer tief liegen, das heißt – wie auf der Abbildung gut sichtbar – unterhalb der Vorderextremitäten, damit eventuell vorhandener Schleim oder Fruchtwasser die Nüstern und das Maul verlassen können. Wenn der breiteste Teil – die Schulter – heraus ist und die Scheidenmuskulatur sich schnürend um den Brustkorb des Fohlens legt, setzt meistens der erste Atemzug ein. Das ist auf dem Bild durch das geöffnete Maul des Fohlens sehr schön zu erkennen.

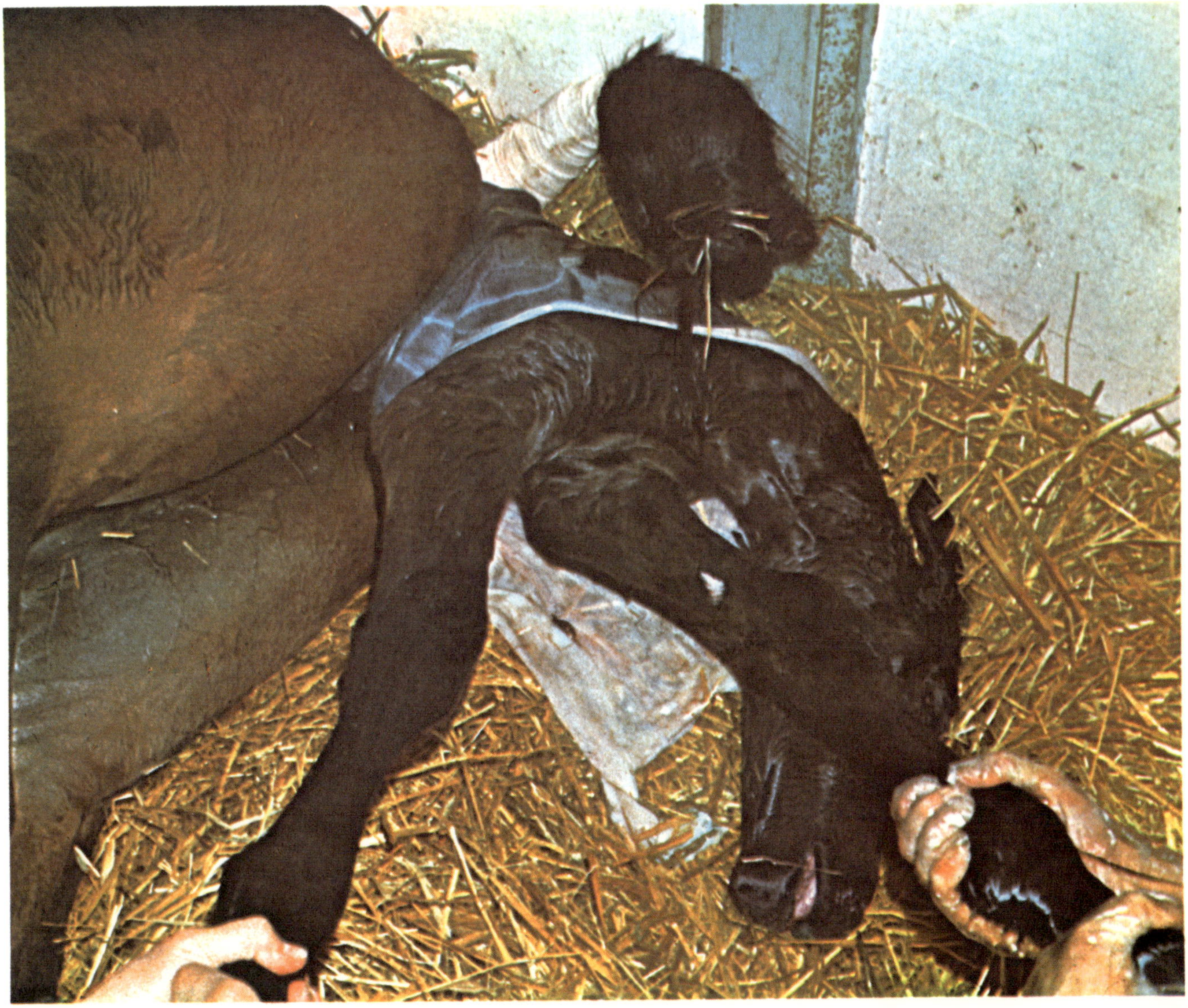

Sehr behutsam muß das Becken des Fohlens durch die Geburtswege gebracht werden, um so den spontanen Nabelabriß zu vermeiden. Beide Hinterbeine sind hier noch bis zu den Sprunggelenken in der Stute.

Die Nabelschnur hält weiter Verbindung mit dem Fohlen. Die Eihaut ist auf die Hinterbeine zurückgeschoben worden.

Hier prüft der Geburtshelfer, wie stark die Durchblutung der Nabelschnur noch ist. In dieser Phase der Geburt können wir uns ruhig ein wenig Zeit lassen. Dem Fohlen werden dadurch noch wertvolle 1–2 Liter Blut aus dem stark durchbluteten Fruchtsack zugeführt, die bei einem spontanen Nabelabriß in die Streu geflossen wären.

Die Zeit reicht für den Geburtshelfer, sich ein Paar neue keimfreie Handschuhe für die Abnabelung überzustreifen.

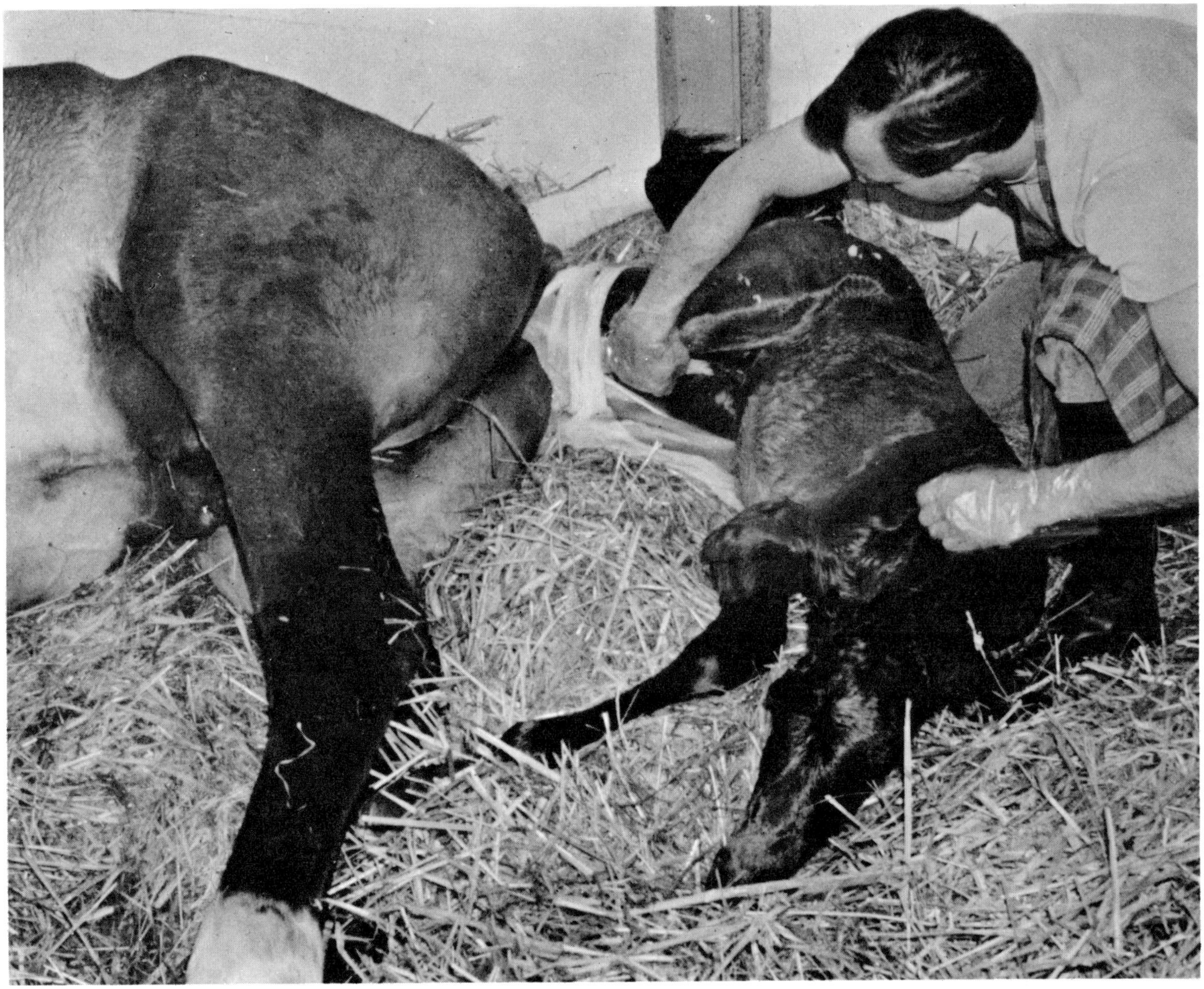

Besorgt blickt sich die junge Mutter um, Neugierde und Erlösung scheinen in ihrem Blick zu liegen.
Wenn das Fohlen nun in der Streu liegt, hat der Züchter sich schon längst vergewissert, ob es ein Stut- oder ein Hengstfohlen ist.

Schon in den ersten Minuten wird sich der Züchter mit geschultem Blick ein erstes und vorläufiges Urteil über das Fohlen bilden können.

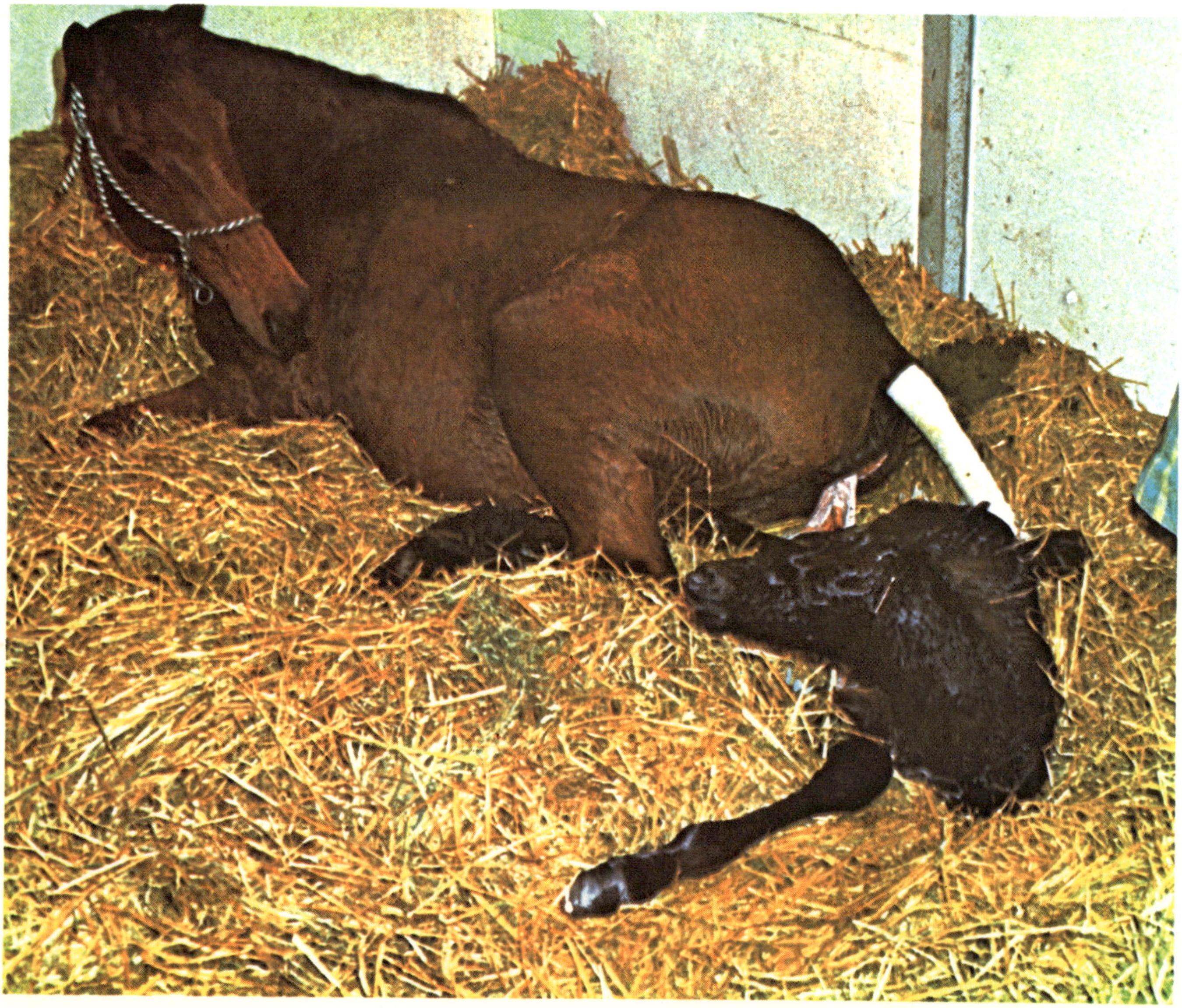

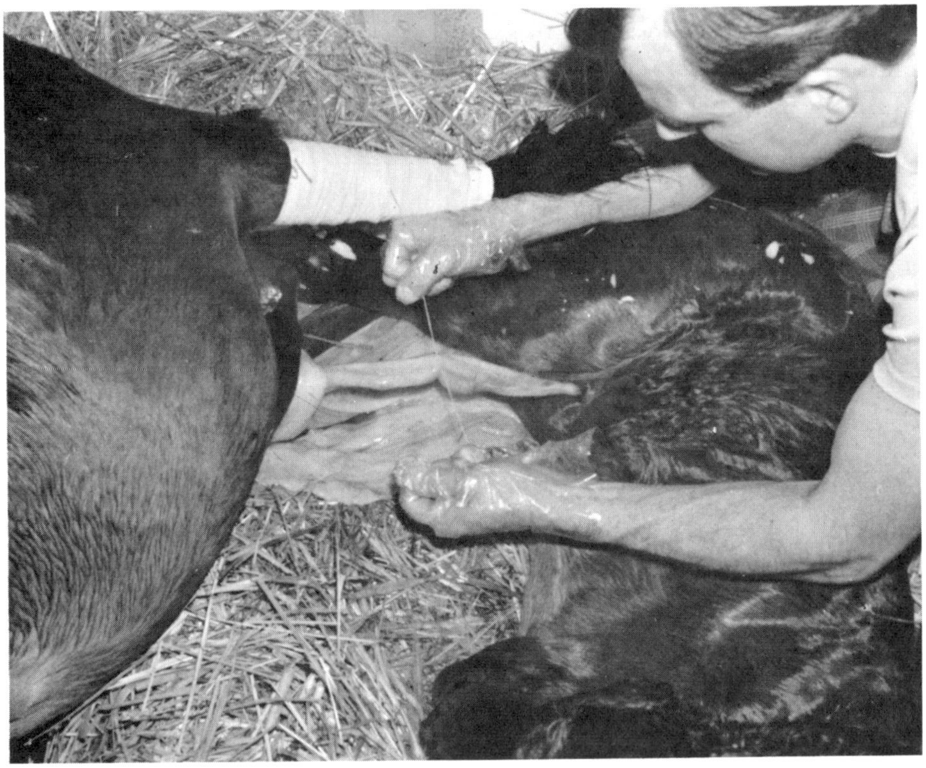

Wenn der Nabelstrang blaß und schlaff geworden ist, können wir ihn mit einem starken Bindfaden abbinden, um zu verhindern, daß das nachlaufende Blut nach der Abnabelung die Box, das Fohlen und die Stute beschmutzt.

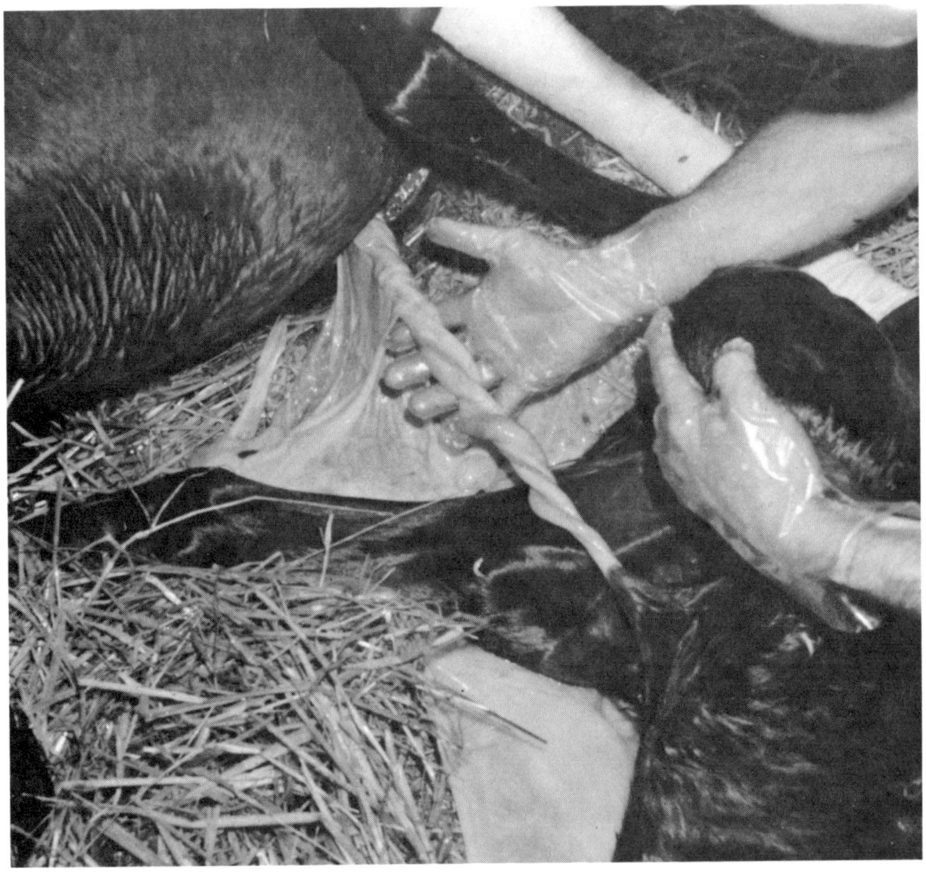

Größte Beachtung sollte der Züchter und Geburtshelfer der Abnabelung schenken. Es genügt nicht, daß sie fachlich korrekt und sorgfältig durchgeführt wird; darüber hinaus muß sie äußerst sauber, ja nach Möglichkeit keimfrei erfolgen. Unsere Fohlen kommen ungeschützt zur Welt, das heißt, sie besitzen keinerlei Immunitätsstoffe. Deshalb ist ein schlecht versorgter Nabel das Eingangstor für krankmachende Keime. Die stark eingedrehte Nabelschnur auf unserem Bild läßt auf eine lebhafte Frucht im fetalen Stadium schließen. Es ist jedoch auch möglich, daß die Verdrehung erst im Eröffnungsstadium, also beim Einsetzen der ersten Wehen, entstanden ist.

Bei der Abnabelung und Nabelversorgung arbeitet der Geburtshelfer kniend an der Rückenpartie des Fohlens. Er hat, so plaziert, eine gute Übersicht und ist eventuellen Stangeleien der Fohlenbeine nicht ausgesetzt.
Die Abnabelung wird an der von der Natur geschaffenen Verengung vorgenommen, die sich etwa drei Zentimeter unterhalb der Bauchdecke befindet.
Die linke Hand erfaßt den späteren Nabelstumpf und sucht Unterstützung an der Bauchdecke, während man mit der rechten Hand durch eine kneifende, drehende, ziehende Bewegung abnabelt.
Die linke Hand hält nun noch eine Weile den Nabelstumpf zusammengedrückt fest, weil so keine Blutungen mehr entstehen werden.
Vielfach wird das Abnabeln mit der Schere vorgenommen. Ich halte das für falsch, denn der glatte Scherenschnitt öffnet mehr Blutgefäße als der Abriß. Starke Keimbesiedlung sowie Nabelblutungen sind dann erst recht nicht ausgeschlossen.

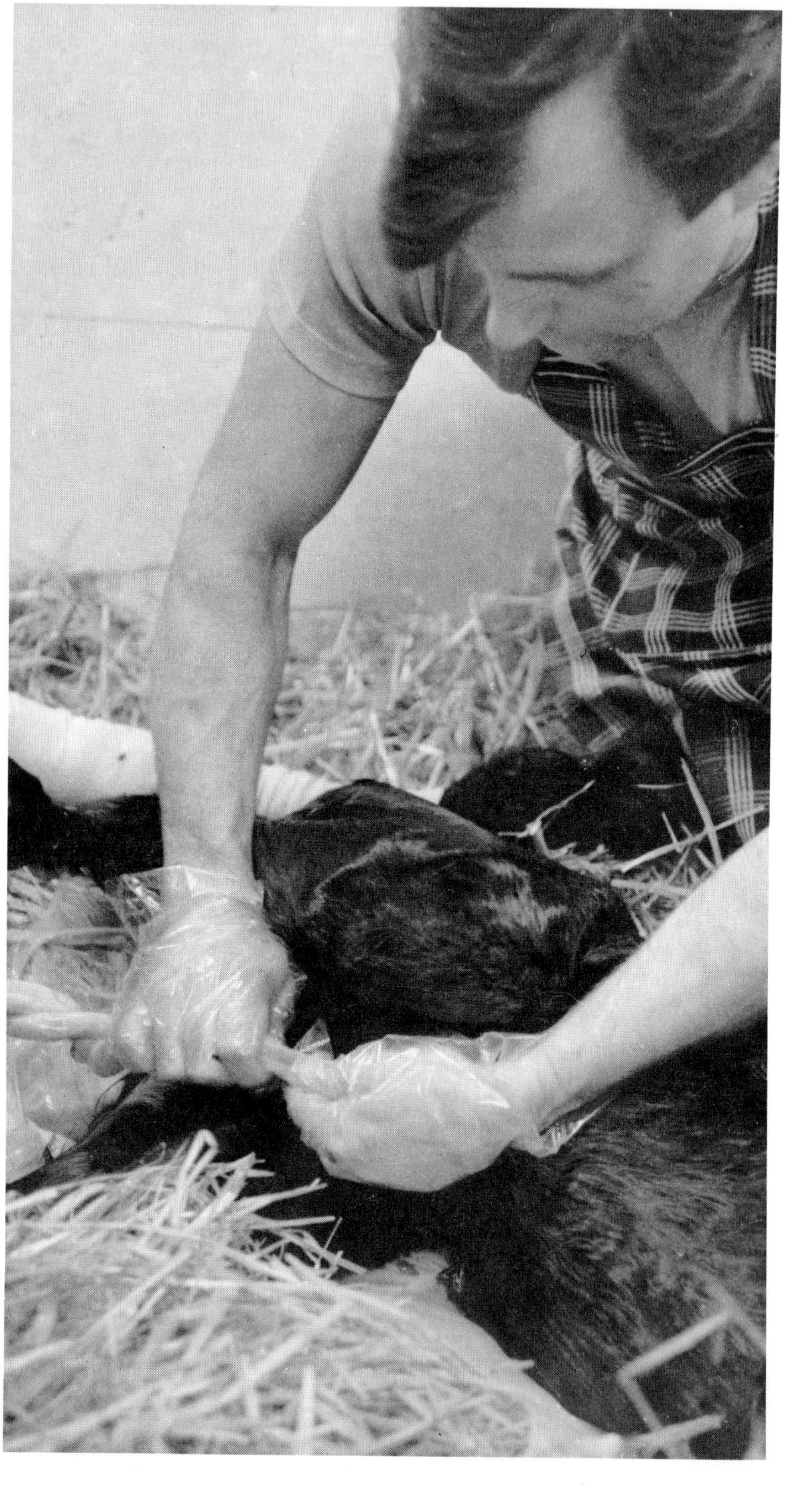

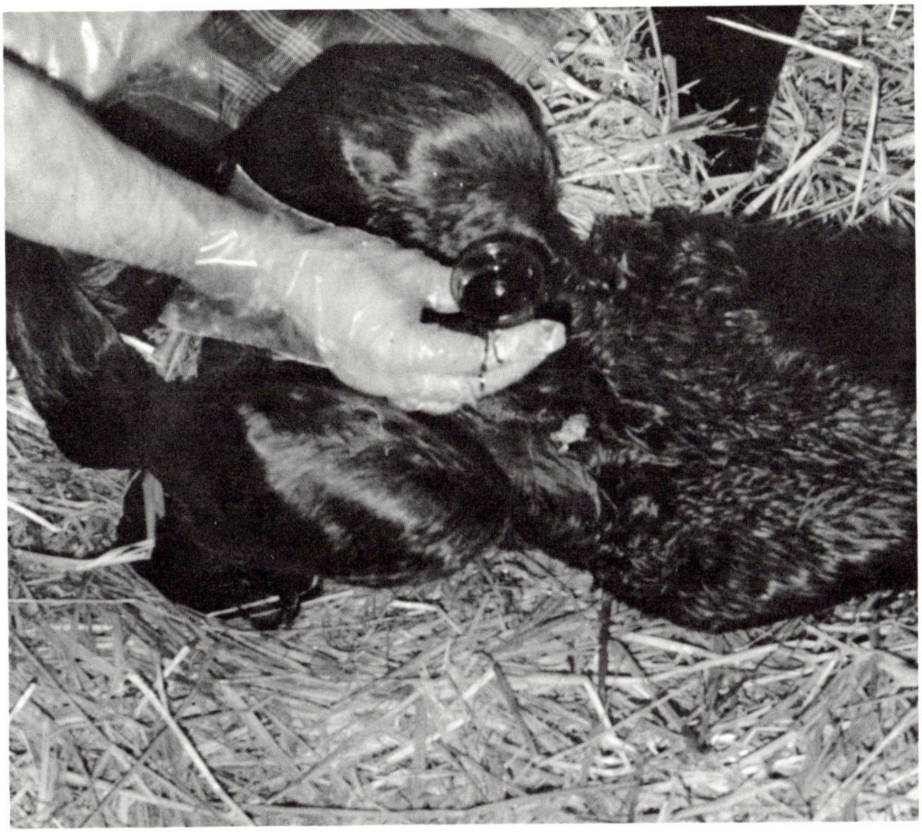

Hier nun die Nabelbehandlung. Der Nabelstumpf, auf der Abbildung gut zu erkennen, muß sofort desinfiziert werden. Dazu hat sich am besten eine mit Alkohol angereicherte Jodtinktur bewährt, denn der Alkohol sorgt für das sofortige Schließen der Blutgefäße. Gerade diese Arbeit muß mit peinlich sauberen Händen durchgeführt werden.

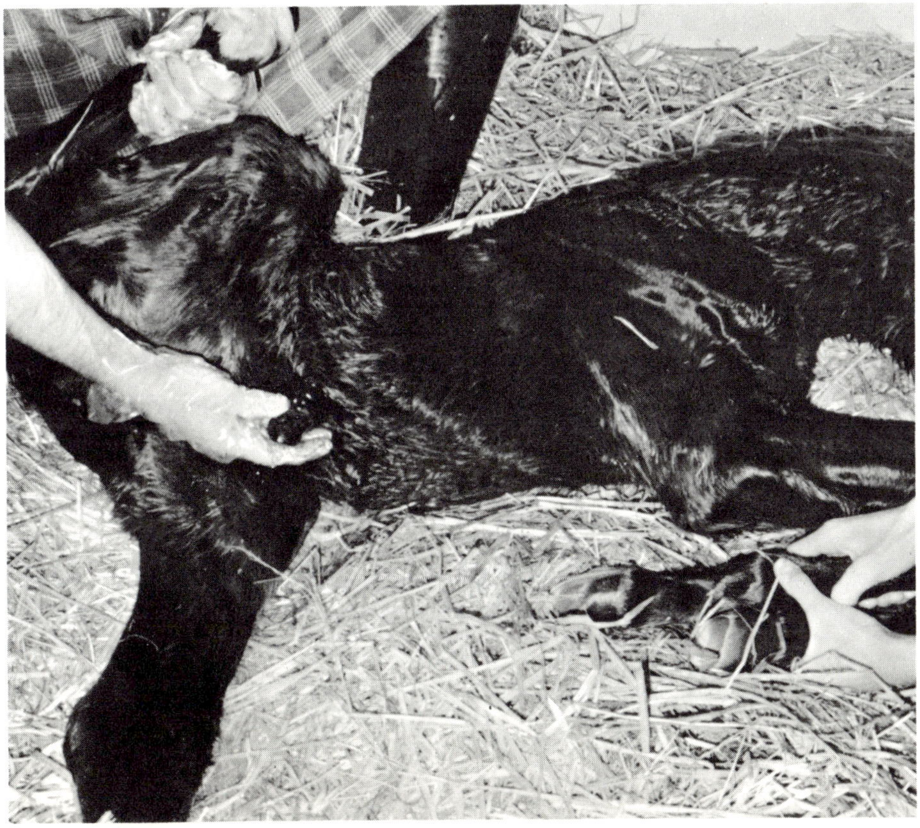

Die linke Hand des Geburtshelfers hält das angewinkelte Hinterbein des Neugeborenen, mit der rechten Hand jodiert er den Nabelstumpf. In der Praxis sehr gut bewährt hat sich ein Schnapsglas, welches für die Nabeldesinfektion ausgezeichnet geeignet ist.
Der Geburtshelfer stülpt das Glas mit der Jodtinktur über den Nabelstumpf bis dicht an die Bauchdecke und verweilt einen Augenblick, wobei Schüttelbewegungen die Wirkung noch erhöhen können.
Die Vorderbeine werden von einem zweiten Helfer festgehalten, damit das Fohlen während der Jodierung keinen Aufstehversuch unternehmen kann.

Mit diesem Foto eines eben geborenen Fohlens möchte ich illustrieren, wie es in der Geburtsbox bei einem spontanen Nabelabriß aussieht.
Eine hygienisch einwandfreie, durch den Geburtshelfer vollführte Abnabelung ist dem spontanen Abriß der Nabelschnur, wenn es sich irgendwie einrichten läßt, vorzuziehen.
Wir alle wissen, daß das Benehmen und Gehabe einer Mutterstute während und nach der Geburt individuell verschieden ist.
Bei nervösen, sensiblen Stuten, die sofort nach der Geburt aufspringen, ist der spontane Abriß meist nicht zu verhindern.

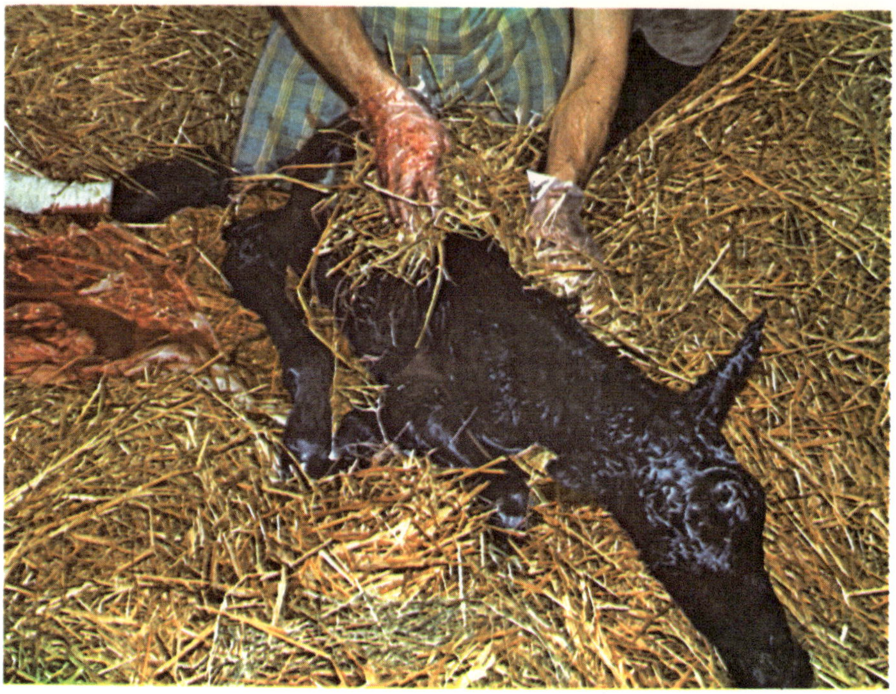

Der Geburtshelfer streift mit beiden Händen den restlichen Schleim und das Fruchtwasser aus Nüstern und Maul des neugeborenen Fohlens, wobei das Fohlen hinten hoch gelegt werden kann.
Auf gar keinen Fall darf der Geburtshelfer dem Neugeborenen ins Maul fassen oder sich die Finger ablutschen lassen. Das wäre eine grobe Verletzung der hygienischen Maßnahmen.
Man wird mir recht geben müssen, daß es unverantwortlich wäre, unseren wertvollen, schutzlosen neugeborenen Fohlen mit keimbeladenen Händen am Nabel und im Maul herumzuhantieren.

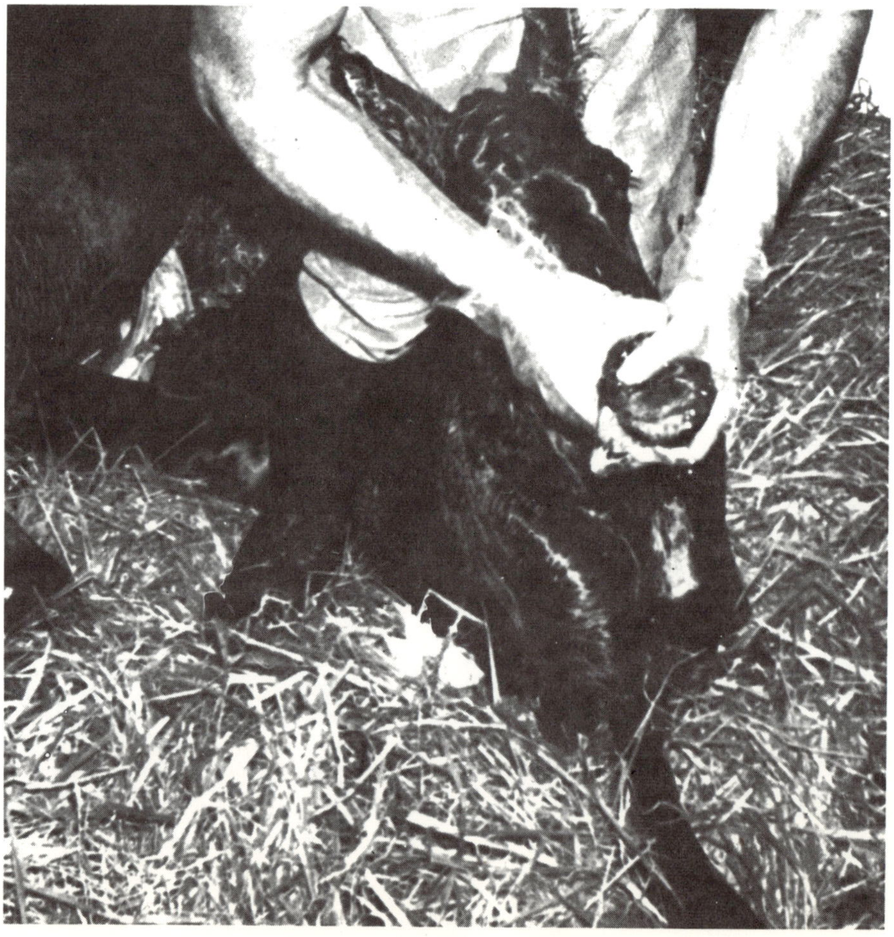

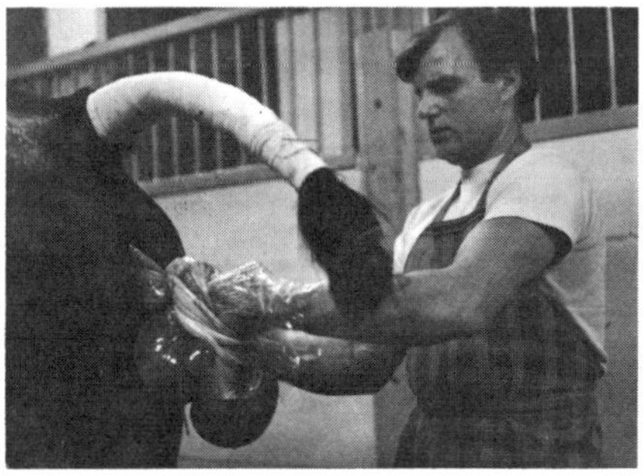

Die Stute ist inzwischen aufgestanden. Der Geburtshelfer kümmert sich sofort um die Nachgeburt. Das Hochknoten der Nachgeburt ist äußerst wichtig und deshalb vorteilhaft, weil sie dann nach kürzester Zeit durch ihr Eigengewicht abgeht.
Ich habe mit dieser Methode, die bei ›alten Hasen‹ gang und gebe ist, noch nie eine Nachgeburtsverhaltung erlebt.

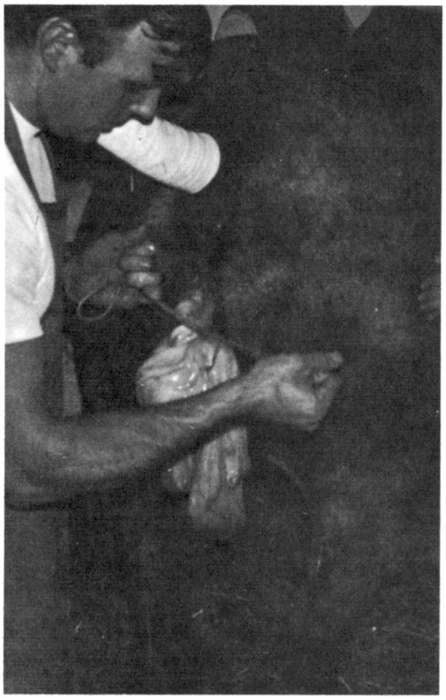

Einen noch besseren Halt bietet das Verknoten mit einer Kordel, wie es hier sehr deutlich gezeigt wird. Unterläßt der Züchter das Hochbinden der Nachgeburt, schleift die Stute sie durch die Box, tritt darauf, und ein gewaltsames Reißen entsteht. Die Folgen können unter Umständen erheblich sein: innere Blutungen, die im schlimmsten Fall zur Zuchtuntauglichkeit führen können, sind nicht ausgeschlossen.
Ohne das Hochbinden reißt die Nachgeburt in Höhe der Scham ab, und es dauert Stunden, bis sich der restliche Teil löst. In solchen Fällen wird ein Tierarzt benötigt.
Empfindliche Jungstuten, die besonders hoch im Blut standen und das erste Mal fohlten, habe ich Schlagkanonaden abfeuern sehen, nur weil sich ihnen die nachschleifende, unheimlich anmutende Nachgeburt um die Hinterbeine geschlungen hatte. Des öfteren wurden bei diesen wild um sich schlagenden Stuten die Fohlen verletzt und in einem Fall, den ich persönlich miterlebt habe, wurde das neugeborene Fohlen sogar getötet.

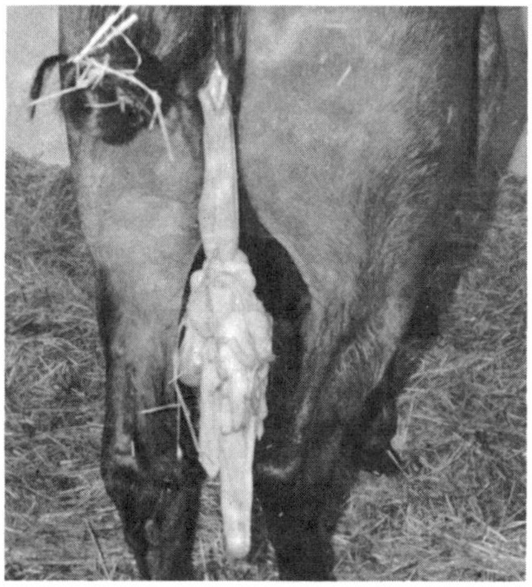

Die Haltung der Stute auf dieser Abbildung ist typisch. Der Pferdemann würde sagen, »die Stute drängt«.
Sie drückt und drängt tatsächlich auf den Abgang der Nachgeburt.
In diesem Zusammenhang will ich nicht unerwähnt lassen, daß das Einbinden von Steinen oder sonstigen beschwerenden Gegenständen in die Nachgeburt zur Beschleunigung des Abgangs unsinnig und unbedingt zu unterlassen ist. Die Folgen wären dieselben, die ich beim vorhergehenden Bild erläutert habe.
Ist die Nachgeburt nach drei bis vier Stunden immer noch nicht abgegangen, sollte der Züchter umgehend den Tierarzt zu Rate ziehen.

Durch Ausbreiten und Kontrollieren des Fruchtsackes verschafft sich der Züchter Gewißheit über den vollständigen Abgang der Nachgeburt. Beinahe plastisch erscheint auf diesem Foto das fein verästelte Adernetz der Fruchthülle.

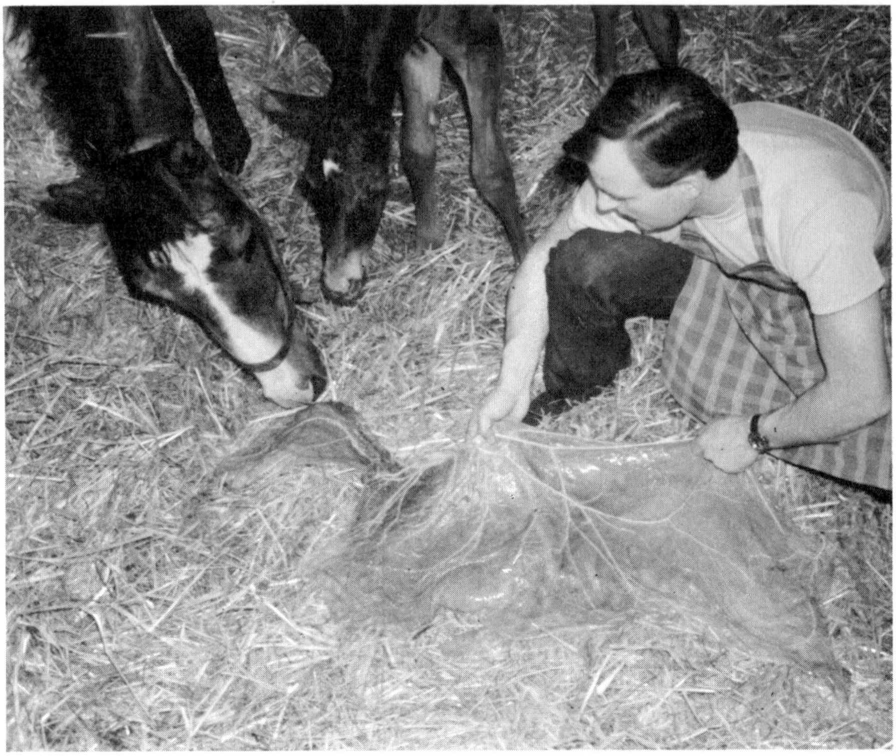

Die Nachgeburt mit der Gabel durch den Stall zu schleifen, um sie dann auf den Dung zu werfen, damit sie von dort aus von streunenden Hunden und Katzen noch weiter in der Gegend verteilt wird, dürfte nun endlich der Vergangenheit angehören. Der moderne Züchter und Gestütsmann weiß, daß bei jeder Geburt mit dem Erreger des Virus-Abortes gerechnet werden muß.
Eine Virusbesiedelung kann nicht nur die Ursache für Tot- oder Frühgeburten sein, sondern auch der Grund für die Lebensschwäche eines Fohlens.
Um jegliche Verbreitung von Ansteckungsstoffen zu vermeiden, steckt man die Plazenta in einen Plastikbeutel, sie läßt sich so sauber und problemlos transportieren.
Diese Handhabung ist eine von vielen Maßnahmen, die bei dem Verdacht auf Virus-Abort notwendig ist, wenn man nicht seinen übrigen Stutenbestand gefährden will.

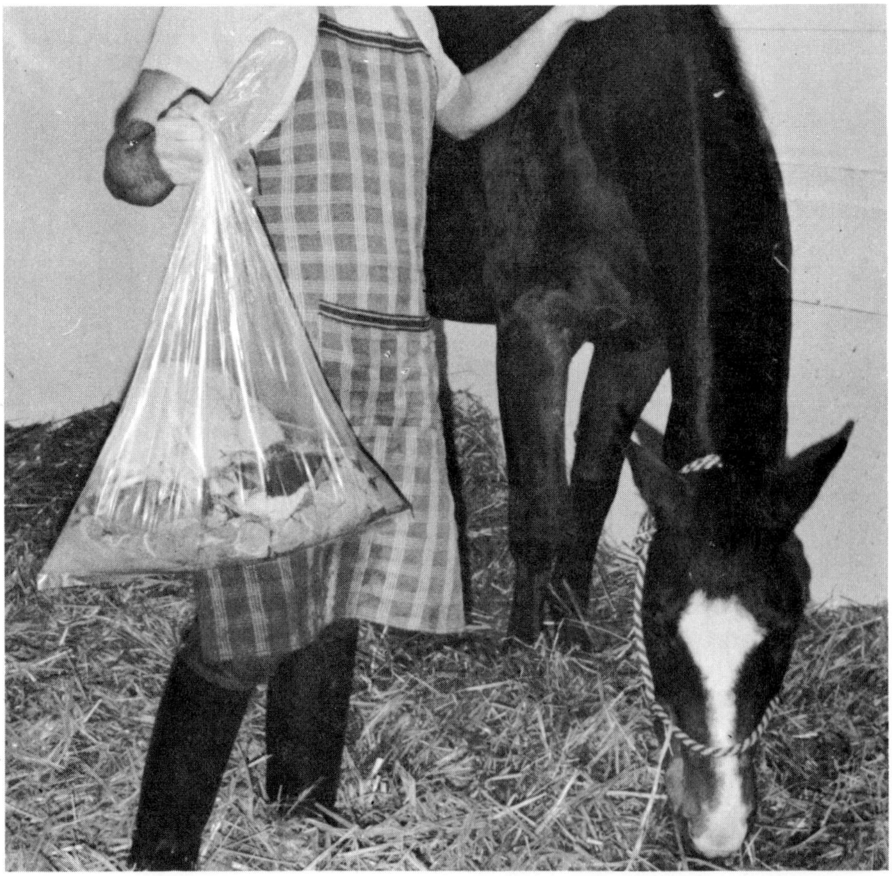

Der Sinn des Trockenreibens bei Neugeborenen ist meist nur unzulänglich bekannt.
»Das Fohlchen friert sonst«, ist die häufigste Antwort auf die Frage: »Warum reiben Sie Ihr Fohlen trocken?« Es friert tatsächlich, denn der Temperaturunterschied liegt ja bei etwa 20 Grad, wenn wir einmal die mütterliche Körpertemperatur mit 38 Grad und die winterliche Stalltemperatur mit 8 Grad annehmen wollen.

Viel wichtiger ist es jedoch zu wissen, daß durch diese Massage, durch dieses Reiben der Wirbelsäule ›Leben‹ in das Fohlen kommt, wie der Fachmann es ausdrückt.
Durch das Massieren der Rückenmuskulatur und der Wirbelsäule, die ja Träger des zentralen Nervensystems ist, erreichen wir eine vermehrte Durchblutung, und auch die Atmung wird angeregt.
Die sichtbarste Reaktion, die durch die Massage hervorgerufen wird, ist das langsame Aufstellen der ›Bammelohren‹.

Auf unserem Bild wird die Rückenmassage mit zwei Handtüchern durchgeführt. Es kann aber auch ohne weiteres ein Heu- oder Strohwisch benutzt werden.

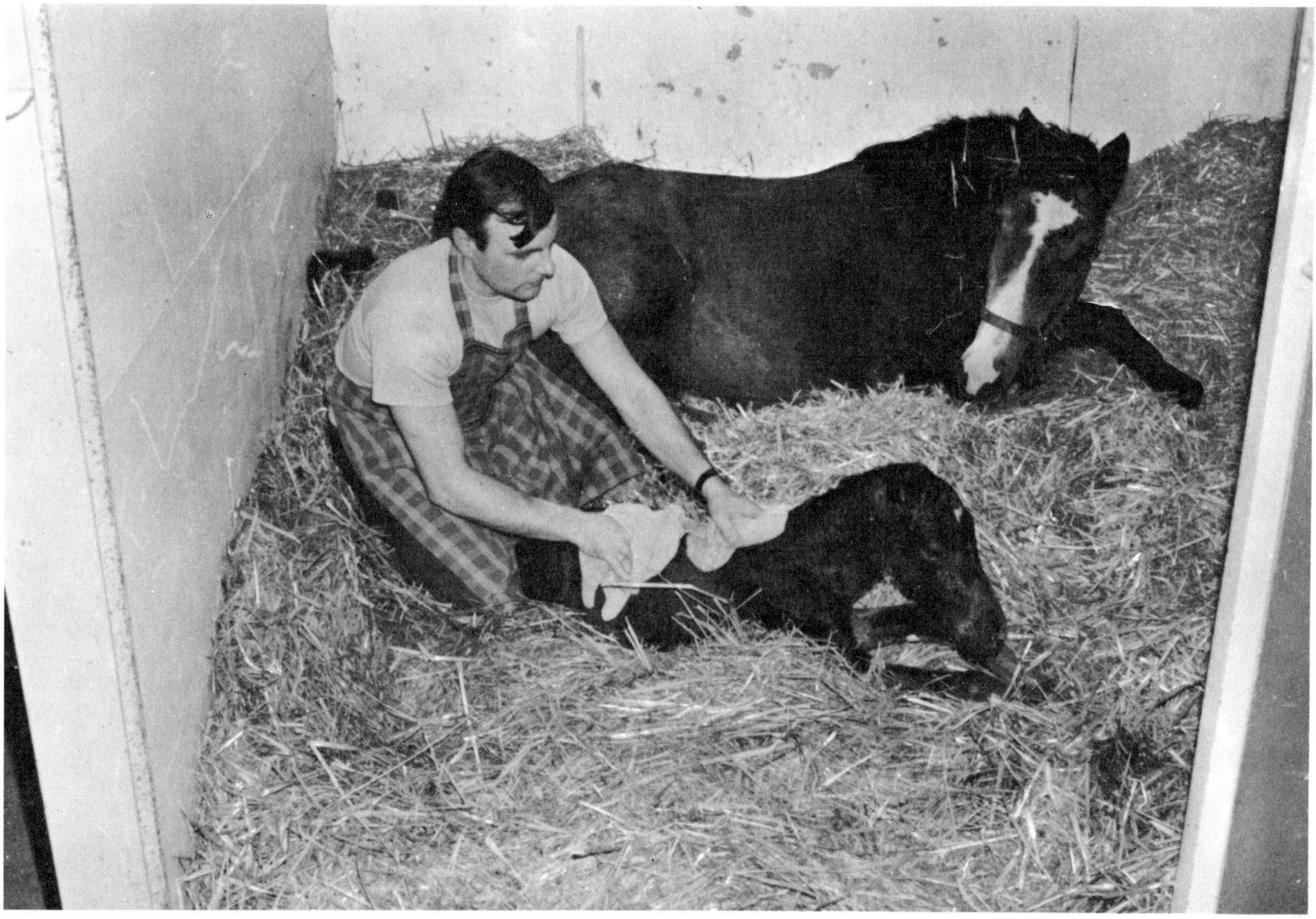

Bevor das Fohlen steht und sich auf Milchsuche begibt, wird die Stute nochmals gründlich gereinigt. Mit lauwarmem Seifenwasser säubert man After, Scheide, die Hinterbeine und vor allem das Euter.
Zu diesem Zeitpunkt kann auch die elastische Schweifbandage entfernt werden.

Das Euter sollte der Geburtshelfer besonders gut baden und hinterher mit einem sauberen frischen Handtuch abtrocknen. Dabei ist sehr sorgfältig und gefühlvoll vorzugehen.
Stuten, die das erste Mal fohlen oder von Natur aus sehr kitzlig sind, reagieren oft sogar bösartig, wenn sie im Bereich des Euters und der Flankengegend berührt werden.

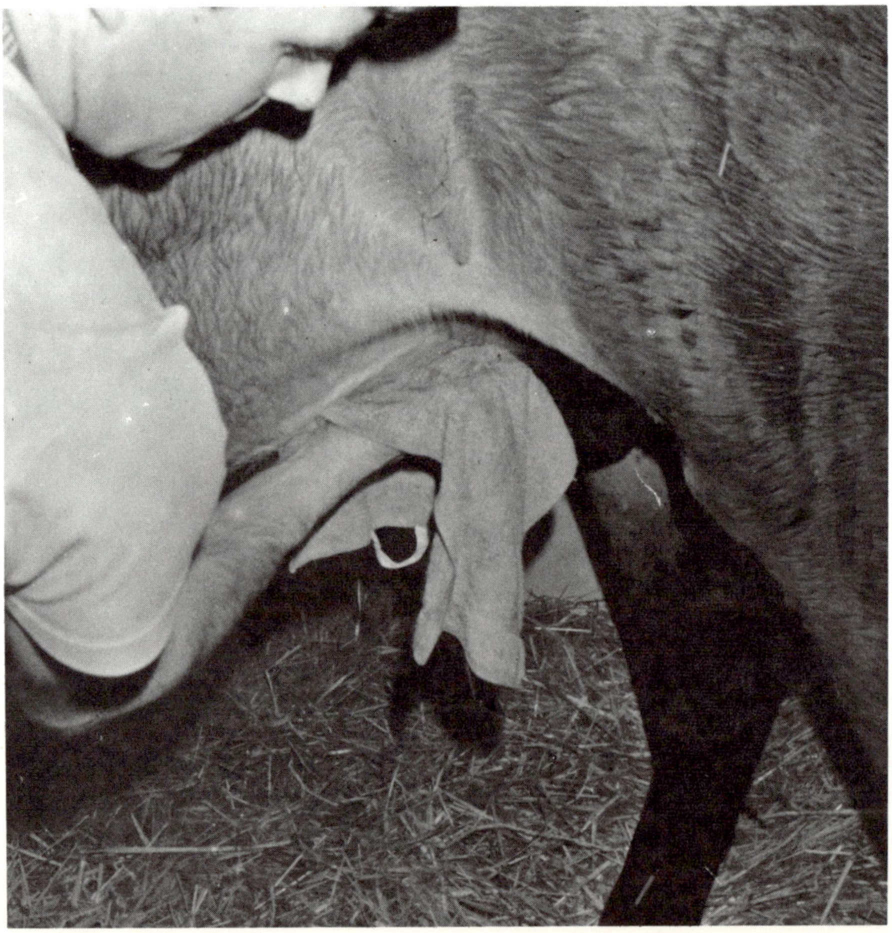

Ist es nicht bewunderungswürdig, was für Energie und Lebenswille in so einem kleinen Fohlen stecken? Was sind wir Menschlein doch für unbeholfene Wesen gegen unsere geliebten Vierbeiner. Kaum 10 Minuten sind seit der Geburt vergangen, da werden schon die ersten Aufstehversuche unternommen.

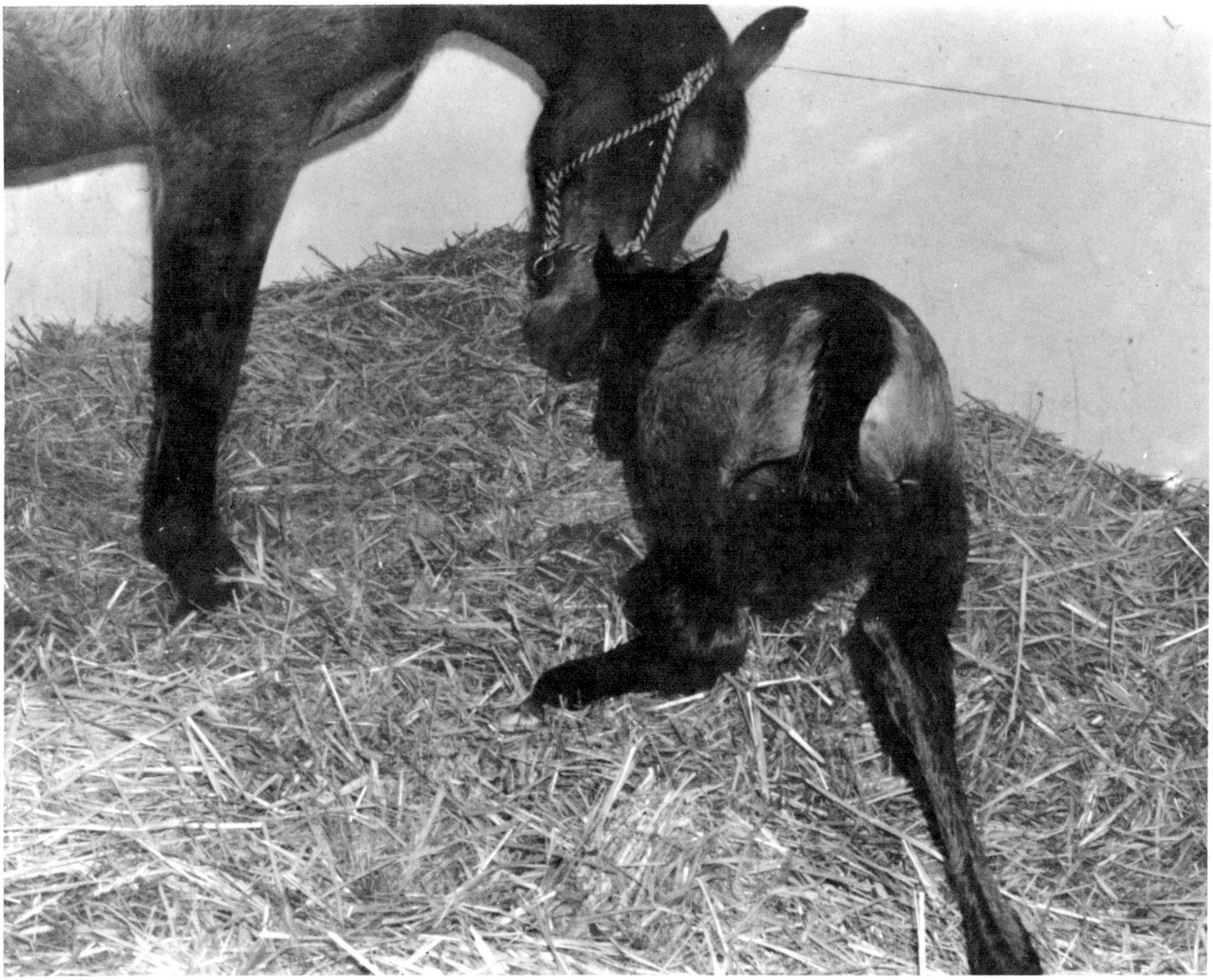

Bei diesem ›Auf-die-Beine-Kommen‹ kann der Zuschauer oft die komischsten Beobachtungen machen. Da werden Saltos geschlagen, Kopf- und Schulterstand vollführt, und auch das ›Die-Wände-Hochgehen‹ wird buchstäblich ausprobiert.

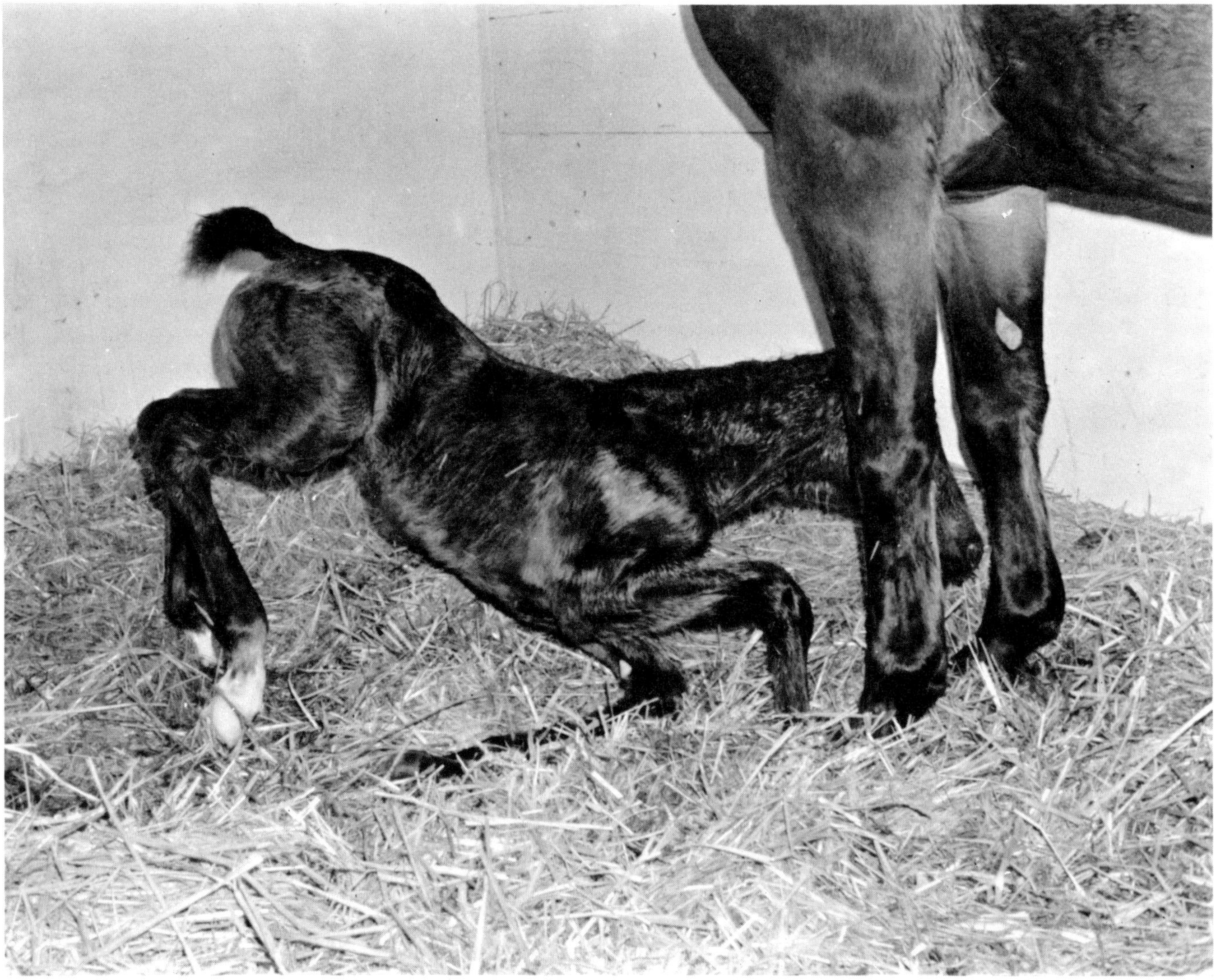

Unermüdlich ist der kleine Motor, der in diesem Fohlen steckt. Eine kurze Verschnaufpause, und die Strampelei geht von neuem los. Blitzartig schießt es durch den kleinen Körper: ein, zwei, drei Versuche, dann liegt es wieder heftig atmend in der Streu.

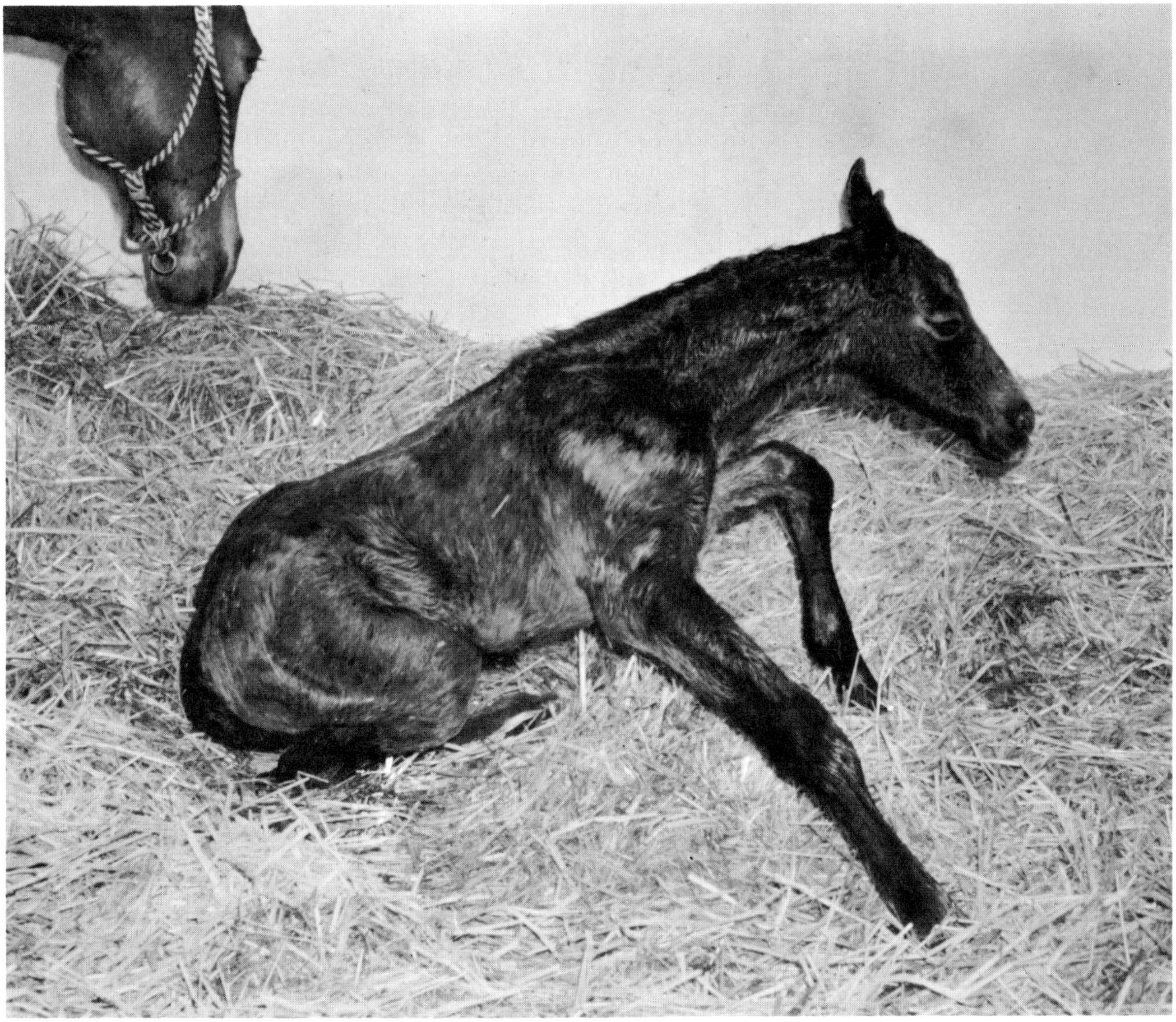

20 Minuten sind vergangen, da haben die Bemühungen, ›auf die Beine zu kommen‹, Erfolg: Ein typisches Bild für den Stand der Neugeborenen.
In der Sägebockstellung, sehr wacklig, sehr staksig das Gleichgewicht suchend, so ›torkeln‹ die kleinen Fohlchen dann durch die Box.

Alles sieht sehr unharmonisch aus, z. B. die langen Beine im Verhältnis zum Körper, aber gerade in diesem Augenblick setzt der Fachmann seine Beurteilung an, die meistens durch die gesamte Wachstumsperiode hindurch bis zum erwachsenen Pferd Gültigkeit besitzt.
Es heißt immer, man sollte die Beurteilung in den ersten drei bis fünf Tagen durchführen, aber nach meinen Beobachtungen ist dieser Abstand zur Geburt viel zu groß, da dann schon ganz andere Züge betreffs Ausdruck und Exterieur vorhanden sind.
Besonders der sich aufstellende dichte Fohlenpelz, die noch zunehmende Muskulatur und ein pfiffiges Temperament erschweren und verzerren später eine klare Beurteilung.

Wenn die ersten Schwierigkeiten, die durch die Geburt, die Abnabelung und die Nachgeburt zweifellos entstehen können, überwunden sind, muß der Züchter dem Abgang des Darmpechs seine volle Aufmerksamkeit schenken, denn dieser zähklebrige, dunkelbraune Darminhalt der Neugeborenen wird oft zum Problem.
Die Biestmilch (das Kolostrum) ist Balsam für die Darmflora und unterstützt den Abgang des Darmpechs. Aber ohne daß das Fohlen auch nur in die Nähe des Euters gekommen wäre, kann das Darmpech ausgeschieden werden.

Bei einer Darmpechverhaltung sollte sofort der Tierarzt zu Rate gezogen werden. Die Fohlen zeigen heftige Schmerzen und starke kolikartige Erscheinungen.
In den leichteren Fällen sitzt nur ein dicker Pfropfen vor dem Beckenring, der manchmal steinhart ist und den Ausgang versperrt. Diesem Zustand wird der erfahrene Pferdemann mit einem Einlauf aus Seifenlauge oder Paraffinöl entgegenwirken.
Es sei an dieser Stelle bewußt vor allzu übereilter Anwendung von Rizinusöl und Alkohol, den beliebten Mitteln der Hausapotheke, gewarnt: Den zarten Magen- und Darmkanal sowie die Schleimhäute sollte man derartigen Reizungen nicht aussetzen.

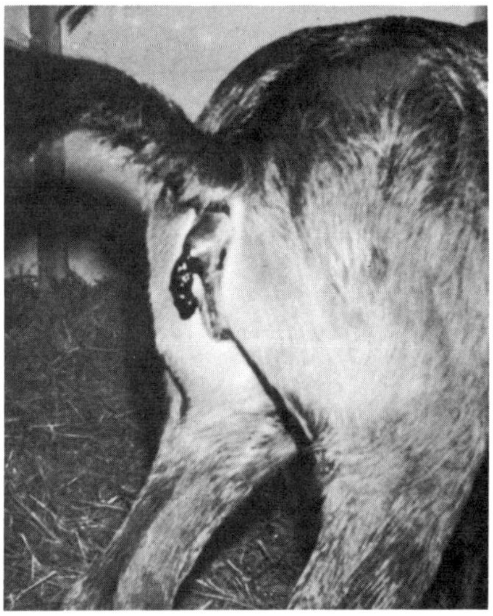

Über die Notwendigkeit des sofortigen Impfens der Neugeborenen sollten heute eigentlich keine Zweifel mehr bestehen.
Leider wird die Immunisierung gegen eine Vielzahl von Fohlenkrankheiten (Fohlenlähme) mittels Antibiotika oftmals aus Unkenntnis doch noch unterlassen. In der Vollblutzucht, die ihre hygienischen Maßnahmen in Statuten festgehalten hat, arbeitet man schon jahrelang mit mit der sofortigen Schutzimpfung.
Das Übertragen von mütterlichem Blut auf das Fohlen ist der Vergangenheit zuzuschreiben.

Dafür bietet die pharmazeutische Industrie vollwertige Impfstoffe.
Das subkutane Unterbringen von Impfstoffen in der Halsgegend wird der erfahrene Veterinär ebenfalls vermeiden. Sieht man nicht immer wieder Fohlen mit geschwollener Halsung, denen das Saugen sichtlich schwerfällt?
Häufig ist schon das Greifen dieser kleinen Dinger eine aufregende Sache. Mit fortschreitendem Alter werden die Fohlen manchmal ganz schön frech, blitzschnell und haben enorme Kräfte. Deshalb ist das richtige Greifen und Festhalten sehr wichtig.

Sei es bei Impfungen, Wurmkur, Hufschmied, Temperaturmessung, dem Anlegen von Halftern oder sonstigen Behandlungen, immer wird der Schweif des Fohlens die richtige Bremse sein. Jedoch muß der Züchter auch hier sehr gefühlvoll vorgehen.

Ein erlösendes Gefühl stellt sich beim Züchter und Geburtshelfer ein, wenn er dieses Bild wahrnehmen kann. Nun, da das Fohlen das Euter gefunden hat und sich an der warmen Muttermilch erfreut, kann auch der Züchter mit einem zufriedenen Gefühl den Stall verlassen.
Die Suche nach der Milchquelle ist instinktiv und dauert unterschiedlich lange. Man kann beobachten, daß manche wackligen Fohlchen direkt nach der ersten Suchaktion an das Euter gelangen. Der Laie könnte meinen, es habe sich schon einige hundert Male daran gütlich getan. Dann wiederum gibt es Fälle (die langjährigen Züchter werden es mir bestätigen), daß es Stunden dauern kann, bis so ein ›dummes Ding‹ die Zitzen gefunden hat.
Man darf nun nicht gleich ungeduldig werden und das Schlimmste befürchten, denn wenn das Fohlen gesund ist, kann es gut und gerne einige Stunden dem Euter fern bleiben, ohne Schaden zu erleiden.
Völlig unsinnig wäre es, dem Fohlen das Saugen mit Gewalt beibringen zu wollen, weil der Erfolg gleich Null wäre.
Allerdings ist es möglich, dem Fohlen die Suche nach dem süßen Saft zu erleichtern, indem z. B. das Muttertier zu ihrem Schützling offen hingestellt wird. Dabei redet man beruhigend auf die Stute ein.
Das gleiche gilt auch für sehr kitzlige Stuten, die sehr empfindlich in der Euter- und Flankengegend sind.
Eine weitere Hilfeleistung könnte darin bestehen, daß der Züchter die Stute anmelkt und die Gesäugestriche mit Milch benetzt.
Dem suchenden Fohlen kann man Unterstützung gewähren, indem man es am Schweif festhält und es stets zurückzieht, wenn es zu weit unter die Mutter geraten ist. Danach läßt man sofort wieder locker, damit das Fohlen erneut suchend vorwärtsstarten kann.
Diese Maßnahmen sollte man nur treffen, wenn es wirklich nicht selbst im Stande ist, das Euter zu finden.
Für so ein kleines Kerlchen bedeuten diese ›Suchaktionen‹ enorme Anstrengungen, so daß es Pausen einlegt, die der Züchter ihm unbedingt gewähren muß.

59

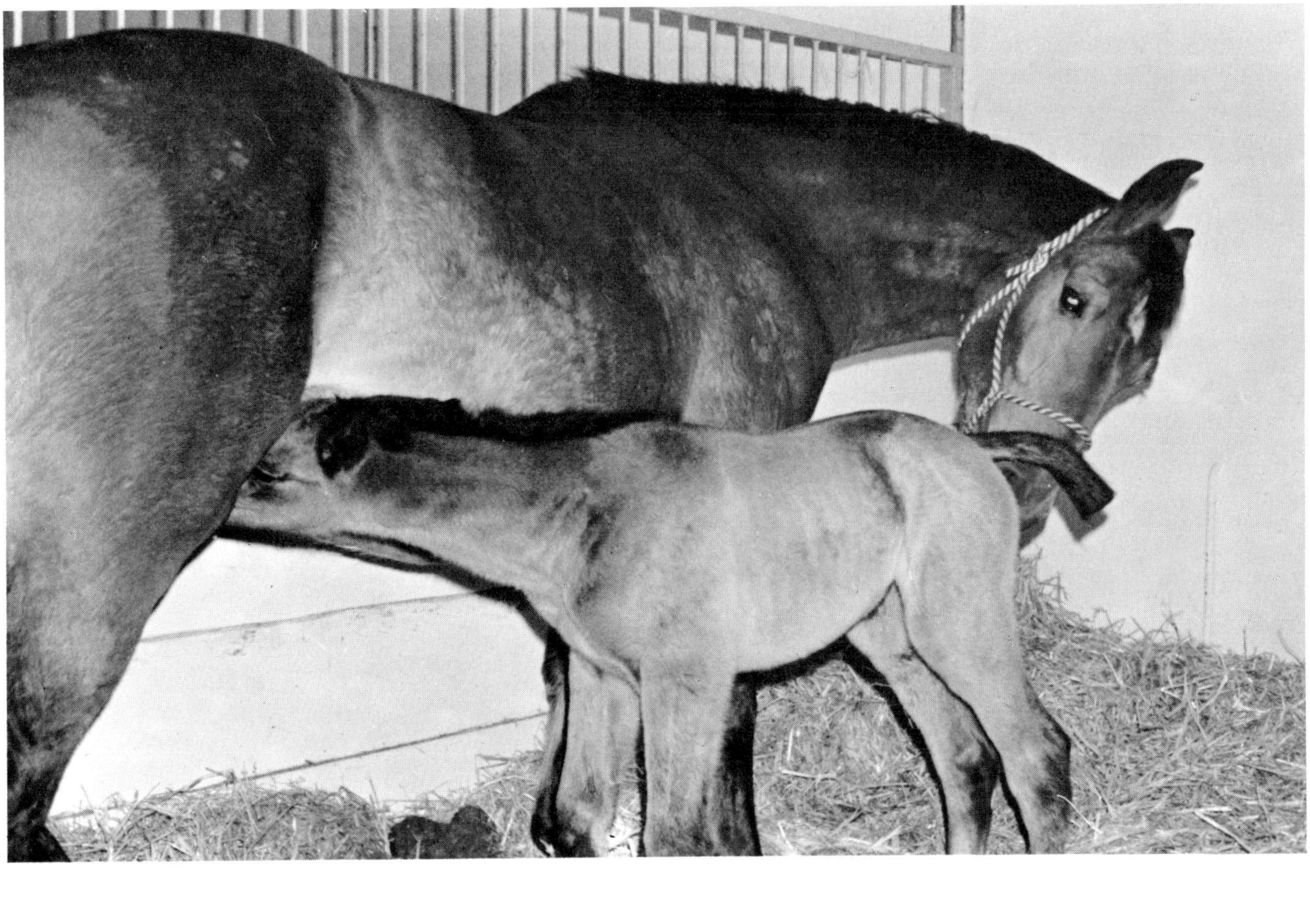

Normalerweise läßt man die Saugfohlen 5–6 Monate bei der Mutter. Gerade diese Zeitspanne verlangt von einem gewissenhaften Züchter höchste Einsatzbereitschaft und Wachsamkeit. Wenn es sich irgendwie einrichten läßt, sollten die Boxen der Fohlenstuten dreimal täglich gemistet werden. Ein Korb und eine Gabel oder eine Harke sollten jederzeit zur Hand sein. Das unerwünschte Dungfressen der Saugfohlen wird so auf ein Minimum herabgesetzt. Eine tägliche saubere Einstreu ist das A und O der Aufzuchthygiene. Am besten hat sich die Matratzenstreu bewährt, bei der den Untergrund eine urinaufsaugende, wärmespendende Torfschicht bilden sollte.
Von Zeit zu Zeit muß diese Matratze erneuert werden. Es ist falsch, die Matratze den Winter und das Frühjahr hindurch auf einen Meter anwachsen zu lassen, wie es vielfach noch zu beobachten ist. Eine starke Dunstentwicklung und die Einrichtung von Brutbildungsstätten (krankmachende Keime – Parasitenbefall) sind die Folgeerscheinungen.

Die vorrangige Beschäftigung der Neugeborenen in den ersten Lebenstagen ist der Wechsel von Säugetätigkeit und Schlaf. So erklärt sich auch der enorme Gewichtszuwachs, nämlich die Verdoppelung des Geburtsgewichtes in den ersten 60 Tagen. Um prachtvoll zu gedeihen, braucht das Fohlen reichlich Sauerstoff (Frischluft) und nicht den stinkigen, sauerstoffarmen, ammoniakreichen ›Mief‹ einer ungepflegten, mistigen und suppigen Matratze.

Schnell geht die Jugendzeit unserer kleinen Fohlen zuende. Heute sind sie noch im Schutz der Mutter, bald aber vielleicht schon als Kämpfer auf den großen Turnierplätzen.

Das Klima im Stall

In früherer Zeit, als das Pferd noch auf dem Höhepunkt seiner ›Karriere‹ war, schenkte man dem Stallbau eine weit größere Beachtung als heute; allein schon von der Architektur her waren es einst aufwendige Prunkbauten (man erinnere sich nur an die Marställe der Kaiserzeit).
»Der Stall bietet den Tieren Schutz vor Witterungseinflüssen«(ein häufig zitierter Satz in der Fachliteratur).
Dies mag wohl für einen Teil der Pferde zutreffend sein, wenn wir an die Mutterstuten und deren Nachzucht denken. Aber für einen großen Teil der Pferde ist der Stall mehr als ein Schutz vor der Witterung: Er ist eine echte Bleibe, ein Zuhause, die einzige vertraute Umwelt, in der sich die Pferde auskennen und wohlfühlen sollen.
Bei Stallneubauten werden immer wieder die gleichen Fehler begangen. Außer den tausend Kleinigkeiten, die eine Stallanlage rationell, harmonisch und sinnvoll erscheinen lassen, sollte der Erbauer besonders die folgenden vier Hauptpunkte berücksichtigen:
1. Die Lage des Stalles. Bei der einseitigen Außenboxenanlage sollte der Stall in der Ost-West-Achse liegen, damit die volle Mittagssonne den Pferden zu Gute kommt. Die beidseitige Boxenanordnung läßt das Stallgebäude am günstigsten in der Nord-Süd-Achse stehen. So ist die Sonneneinwirkung gleichmäßig verteilt. Die rauhen Nordwinde, also die der Wetterseite, treffen auf den einen Giebel des Stalles, im Sommer fängt der Südgiebel die größte Mittagshitze auf.
2. Die Dauer der Stallplanung sollte zweimal so lang sein wie die eigentliche Bauzeit später, d. h., daß man sich bei Stallneubauten sehr viel Zeit lassen und an den vorhandenen Ställen die positiven und negativen Seiten auswerten sollte.
3. Die Stallanlage darf nicht von außen nach innen, sondern muß von innen nach außen gebaut werden, d. h. zuerst nehme man das lichte Maß einer Box und dann das der weiteren Boxen, Kammern, Wände und was man sonst noch im Stall unterzubringen gedenkt. Dann überlege man sich, daß dieser Neubau nur einmal gebaut wird, und gebe auf alle fixierten Maße noch 0,5 m hinzu. Bei der Fertigstellung Ihres Projektes werden Sie zufrieden sein, und man wird Ihre durchdachte Bauweise und Ihre großzügige Anlage voller Anerkennung bewundern.
4. Der wunde Punkt, um den sich alles dreht, ist die Finanzierung, ohne die's nun mal nicht geht. Hierzu kann

man auch ein paar tröstende Worte finden: Das Teuerste braucht nicht immer das Beste und Zweckmäßigste zu sein. Es gibt heute genügend Baustoffe, die gut aussehen und preisgünstig sowie zweckmäßig sind. Man muß sich nur die Mühe machen nach ihnen zu suchen.
Im Gegensatz zu den frei in der Wildbahn lebenden Pferden haben sich bei unseren Kulturpferdezuchten durch das Nicht-mehr-vorhanden-Sein der harten klimatischen Bedingungen Konstitutionsschwächen eingestellt, die durch Schaffen eines behaglichen Stallklimas überwunden werden müssen.
Eine Anzahl von Krankheiten stellen an das Können der Pferdezüchter große Anforderungen, besonders bei der Aufzucht unserer Fohlen.
Wenn wir vom Stallklima sprechen, so sind damit in erster Linie die Temperatur im Stall, die Luftfeuchtigkeit, die Luftzirkulation und die Verunreinigung der Stalluft (Staub) gemeint. Selbstverständlich spielt die Zusammensetzung der Luft aus Sauerstoff, Ammoniak und Kohlendioxydteilen eine wesentliche Rolle.

Temperatur

Nehmen wir zuerst einmal die Stalltemperatur ›unter die Lupe‹. Ein Pferd übersteht enorme Temperaturschwankungen, die wohl bei den Arabern die extremsten sein dürften. Es ist also in dieser Hinsicht unglaublich anpassungsfähig und kann gut und gerne starke Hitzewellen – sogar während der Arbeit – ohne Schäden durchstehen. Wenn wir an den ›Sibirischen Winter‹ denken, so wird es mit den Kältegraden ebenso gut fertig.
Im Schrifttum der Vergangenheit geben die meisten Autoren eine Stalltemperatur bis maximal 15°C an.
Wenn wir uns hier an dieser Stelle über die Stalltemperaturen unterhalten, denken wir zuerst an unsere Fohlen und deren Aufzucht.
Es wurde bereits ausgeführt, daß die Geburten der Fohlen in die Wintermonate fallen und daß die Box über Monate zum zwangsläufigen Aufenthaltsort wird. Die kleinen Wesen müssen dann mit dem Mikroklima in der Fohlenbox irgendwie fertig werden. Deshalb hält der erfahrene Züchter die

Temperatur im Zuchtstall möglichst tief (nicht über 12°C). Die Umwelt formt den Menschen und auch das Tier.
Fohlen können sogar bei Temperaturen um den Gefrierpunkt geboren werden. Man kann dann beobachten, daß sie sich einen richtigen kleinen Pelz zulegen, der sie gut gegen die Kälte schützt. In warmen Stallungen weisen die Fohlen ein glattes Fell auf und sind sehr anfällig gegen Infektionskrankheiten. Das Anbringen von Wärmestrahlern in den Abfohlboxen ist unverantwortlich. Nur im Falle einer Frühgeburt ist diese Maßnahme gerechtfertigt.
Fohlen sind sehr empfindlich gegen starke Temperaturschwankungen. Von Natur aus können sie trockene Kälte gut vertragen, denn der Sauerstoffgehalt der kälteren, trockenen Luft ist erheblich höher und regelrecht gesund für die Atmung des Fohlens. Der Züchter kann die Beobachtung machen, daß sich bei zunehmender Stallwärme die Atemfrequenz der Fohlen sprunghaft erhöht.
Die Stalltemperatur soll nach Möglichkeit die Temperaturschwankungen der Außenwelt mitmachen. Uppenborn fordert für die Fohlenbox eine Stalltemperatur, die das Fohlen auf den Aufenthalt im Freien vorbereitet.
Als Baumaterialien für einen Pferdestall sollten deshalb Stoffe gewählt werden, die atmen, wie z. B. Holz oder Ziegel. Ställe aus Beton mit gekachelten Wänden oder Ölanstrichen sind im Höchstmaß ungeeignet und können bei einer sehr geringen Luftbewegung nur ein feuchtes Klima beinhalten. Nasse Wände geben übrigens auch den Strongylidenlarven (Palisadenwürmern) die Gelegenheit zum Emporklettern an den Wänden. Dort werden sie von den Pferden – besonders von den Fohlen – abgeleckt und gelangen so in den tierischen Organismus.
Ein Raumklima mit sehr streng riechender ›miefiger‹ Luft und herunterlaufendem Schwitzwasser an den Wänden sowie mit tropfenden Stalldecken ist nicht nur ungesund für die Tiere, sondern beeinträchtigt auch in starkem Ausmaß die Schaffensfreude des Personals und dessen Gesundheit.
Die Industrie hält gerade heute für den Stallbau eine Reihe hochwertiger Bauelemente mit hervorragenden technischphysikalischen Eigenschaften bereit, die in diesem Zusammenhang aber nicht weiter erläutert werden sollen.

Lüftung

Sehr selten wird ein Stallgebäude angetroffen, in dem die Ent- und Belüftung funktioniert. Die vielen, vielen Stunden, die unsere ›modernen‹ Vierbeiner und Hochleistungspferde in Boxen stehen, bei denen nur eine mäßige Luftumwälzung spürbar ist, müssen die Tiere letztlich in ihrer Leistung, ihrem Allgemeinbefinden und in ihrer Konstitution beeinträchtigen. Die relative Luftfeuchtigkeit ist in den Ställen prozentual sehr verschieden. In gut gelüfteten Ställen, die immer trocken und gesund sind, bewegt sie sich in den angestrebten Grenzen (65–75%). Großen Einfluß auf die Schwankungen der relativen Luftfeuchtigkeit in den einzelnen Ställen nehmen die Bauelemente, der Tierbestand, die Raumgröße, die Außentemperatur – also das Wetter schlechthin – und die angewandte Streutechnik (Tiefstall – Matratzenstreu – tägliche Erneuerung der Streu). Die Luftbewegung in einem Stall ist besser, ruhiger und gleichmäßiger, wenn die Zwischenwände mit den Wänden der Stallgasse die gleiche Höhe aufweisen (120 cm Holzwand mit Gitterung).
Der Entlüftung dienen heute nach den modernsten Erkenntnissen Absaugschächte, die bis kurz über den Boden hinuntergehen. Es ist eine Zwangsentlüftung, bei der die verbrauchte schwere Luft durch Ventilatoren abgesaugt wird. Die alten Entlüftungsschächte waren zu sehr von der Witterung beeinflußbar. Damit auch die verbrauchte Luft aus den Fohlenboxen entweichen kann, werden Bohrungen in der Gassenwand angebracht (30–40 cm über dem Boden). Es können auch schlitzartige Siebe im unteren Bereich der Türen eingebaut werden. Weil gerade diese Maßnahme für die Gesunderhaltung der Fohlen sehr vorteilhaft ist, hat man sogar schon Boxenwände aus Wellengitter bis zum Stallboden konstruiert.
In einem Aufzuchtstall, der niedrige Temperaturen aufweist, ist die berüchtigte ›Zugluft‹ halb so schlimm. Der Wind – fälschlicherweise oft mit der Zugluft verwechselt – wird auf der Weide von den Pferden als wohltuend empfunden. Er streichelt und massiert praktisch alle Körperpartien. Die Zugluft dagegen trifft nur einige Körperstellen. Wenn in zu warmen Winterstallungen die Fohlen Wärme durch die Körperporen ausstrahlen, ist die Zugluft sehr gefährlich.

Die Belüftung der Pferdeställe in den Sommermonaten ist kein Problem, denn dann können die halben Türen der Außenboxen weit aufgemacht werden. In einigen Ställen wird die Stalltür durch einen Gitterrost ersetzt. Die Fenster werden geöffnet, und genügend Frischluft kann in den Stall einströmen.
Problematisch ist die Belüftung nur in den Wintermonaten und in der Übergangszeit. Da reichen die bisher üblich gewordenen Lochkanäle im Mauerwerk – meist unterhalb der Fenster befindlich – nicht mehr aus. Oft werden diese Frischluftversorger auch noch mit einem Strohwisch zugestopft, damit nicht so viel Kälte in den Stall eindringt.
Bei einem Stall mit beidseitiger Boxenaufstallung wird man ohne die mechanische Belüftung nicht auskommen. Ein Zuluftrohr parallel zu den Außenwänden an der Stallgassendecke verlegt – mit einzelnen Verteilerkanälen , die in jede Box führen, löst dieses Problem ganz hervorragend. An beiden Stallgiebeln werden an das Zuluftrohr Druckluftventilatoren angeschlossen, die ständig für sauerstoffreiche Frischluft Sorge tragen. Wenn die Boxenwände nicht so hohe feste Wände aufweisen, also viel Gitterung vorhanden ist (auch bei den Zwischenwänden), genügt oft schon ein Zuluftschacht. Er wird ebenso installiert wie das Zuluftrohr und ist auch mit Druckventilatoren ausgerüstet. Nur fehlen bei ihm die Verteilerkanäle. Der Zuluftschacht besitzt eine siebartige Bodenfläche, aus der dann die Frischluft fällt und sich im Stall verteilt. Auch die Verteilerkanäle können derart beschaffen sein.
Eine andere sehr gute Einrichtung ist eine Anlage, bei der die Frischluft über den Ventilator an den Giebelenden des Stalles durch das Zuluftrohr in die Verteilerrohre direkt in jede einzelne Box gebracht wird, also alles im geschlossenen Rohrsystem. Um dabei keinen ausströmenden Luftzug zu verursachen, werden unter jedem Verteilerkanalende Platten angebracht, die genau die Boxenmitte fixieren. Die Platten sind ca. 1 m^2 groß und werden an Dübeln – ungefähr 5–6 cm von der Decke entfernt – aufgehängt. Die Frischluft kann nun über die Plattenenden in den Stall gelangen und ist gleichmäßig an Ort und Stelle verteilt.
Diese Umwälzung der Ent- und Belüftung mit einer Druck- und Absaugventilation kann auch durch einen Thermostaten geregelt werden.

Licht

Fast alle Experten sind sich darüber einig, daß das Licht Atmosphäre schafft. Sei es nun das Kunst- oder das Tageslicht, beiden wird nie genug Bedeutung beigemessen. In der Fachliteratur kann man überall nachlesen, daß die Fensterfläche 1/5-1/20 der Grundfläche betragen soll. Wenn dem so wäre, brauchte nichts beanstandet zu werden.
Wie aber sieht es in der Praxis aus? Das Pferd ist bekanntlich ein Herdentier. Nur der Mensch erlaubt sich, diese herrlichen Schöpfungen der Natur in Boxen voneinander zu trennen und abzukapseln. Da stehen nun unsere edlen, intelligenten ›Sportsgenossen‹, die schon Jahrhunderte lang treue Begleiter des Menschen waren, in Boxen, deren Wände hochgezogen, mit einem winzigen Fensterchen kurz unterhalb der Stalldecke ausgestattet sind und langweilen sich zu Tode. Es ist eine Zumutung für sie, in solch einem eingemauerten Kasten 23 Stunden zu stehen. In den bundesdeutschen Rennställen kann man diese Misere sehr häufig entdecken. Wenn man dort die Vollblüter beobachtet, die großen ›Stars des grünen Rasens‹, so bemerkt man, daß sie mit einer schiefen Kopfhaltung und gespitzten Ohren hinauf zum Fensterchen äugen, aber leider nur den bewölkten Himmel entdecken. Ihre Stallgenossen in den anderen Boxen können sie meistens auch nicht sehen, im günstigsten Falle ihr Gegenüber. Wenn diese Cracks dann zur Arbeit an die frische Luft beordert werden (ca. 1 Stunde täglich) oder am Sonntag am ›Rennmeeting‹ teilnehmen dürfen, stürzen eine Menge Umwelteinflüsse auf sie ein, die diese Tiere nicht verkraften können. Starke Erregung, Schweißausbrüche, Scheuen, Widersetzlichkeiten usw. sind die Folgen.
Rennpferde aus Irland und USA dagegen, die eine großzügige Freiluftaufzucht genossen haben, bei denen – da das Klima es erlaubt – auch im Winter die halben Türen der Außenboxen aufstehen, bringen ein großes Phlegma mit guten Nerven und ständiger Selbstkontrolle zutage. Zum Teil stehen diesen Pferden sogar Suhl-Paddocks und Schwimmeinrichtungen zur Verfügung.
Die Sowjets, so konnte man beobachten, verkürzen ihren Pferden den täglichen Boxenaufenthalt dadurch, daß sie am Nachmittag ihre Schutzbefohlenen nochmals ins Freie führen und regelrechte ›Spielstunden‹ einrichten.

Dr. Löwe (Lindenhof) konstruierte eigens für seine Pferde (Rennpferde – Mutterstuten) – durch Personalmangel dazu angeregt – eine Führmaschine, die ausgezeichnet funktioniert. Sie besteht aus einem überdachten Rondell mit einem runden Geläuf (Torf, Sand, Späne), das von zwei Rails eingeschlossen wird. An der Innenseite werden die Pferde in bestimmten Abständen an eine Führungsstange gekoppelt, die durch einen Elektromotor angetrieben wird, der mit einer Schleifkupplung ausgerüstet ist. Die Pferde haben so Bewegung, Frischluft und gewöhnen sich recht schnell an diese Technik. Meines Erachtens ist diese Lösung für den Stoffumsatztyp (Atmungstyp – Vollblüter) sehr nachahmenswert.
In den Reitschulbetrieben sieht es zum Teil in bezug auf die Fensterfläche am Schlechtesten aus. Oft muß man sich richtig anstrengen, wenn man erkennen will, ob sich ein Pferd in der Box (Loch) befindet. In diesen ›Särgen‹ untergebracht, müssen die armen Kreaturen dann auch noch 6–8 Stunden Reitbetrieb absolvieren, wobei die Reitstunde für diese Pferde nicht die größte Belastung sein dürfte.
Lichtdurchflutete Stallräume können saubergehalten werden, die Stoffwechselvorgänge funktionieren, wie überhaupt das Tageslicht eine nicht zu unterschätzende Wirkung auf den Gesundheitszustand, die Lebensdauer, die Leistungsfähigkeit und die Fruchtbarkeit der Pferde hinterläßt.
Die künstliche Beleuchtung wird ebenfalls oft unzulänglich vorgefunden. Ein gut ausgeleuchteter Stall verschafft dem Pferdemann die nötige Übersicht, die er gerade bei den Fohlen, Absetzern und Jährlingen für die fachgerechte Betreuung braucht. Helligkeit ist immer der erste Schritt zur Bekämpfung der Bakterien und Parasiten.
Das Kunstlicht der Neonröhre besitzt eine verträgliche Ausstrahlung auf das Pferdeauge. Das aufflackernde ›Starten‹ der Röhren nach dem Einschalten gibt dem Auge eine Eingewöhnungsspanne von mehreren Sekunden.
Bei der Verwendung von Glühbirnen sollte ihre Leistung nicht unter 60 W pro Box (3 x 3 m) liegen. Alle Lichtquellen, Steckdosen, Schalter und Stromkabel müssen so verlegt sein, daß die Pferde dieselben in keiner Weise erreichen können.

Die Box der Fohlenstute

Ein großer Teil der Abfohlungen beginnt bereits in den Monaten Januar und Februar. Die Box wird daher über Wochen, ja sogar Monate zum zwangsläufigen Aufenthaltsort unserer Fohlen. Deshalb sollte der Stutenhalter auf die Beschaffenheit der Box größten Wert legen. Die Maße für eine solche Box sollten wenigstens 3 x 3 m sein. Eine größere Ausführung ist jedoch vorteilhafter.

Wände, Gitter

Die Boxenwände zur Stallgasse hin sollten nicht zu hoch angelegt sein, denn Fohlen sind von Natur aus neugierig. Sie wollen alles sehen, alles miterleben und haben ständig den Drang, in die Stallgasse zu äugen. Die dadurch entstehende Kopf- und Halshaltung begünstigt den matten Rücken und trägt entscheidend zur Unterhalsbildung bei. Die Gitterstäbe sollten entweder so geringe Abstände aufweisen, daß die Fohlenhufe nicht hindurchpassen, oder sie müssen so weit voneinander entfernt sein, daß ein übermütiges Fohlen, das mit den Beinen durch die Gitter geraten ist, sich selbständig befreien kann, ohne sich wesentlich zu verletzen. Ich weiß aus eigener Erfahrung zu berichten, daß Pferde, die sich mit den Hufen im Gitter aufgehängt hatten, schwere Verletzungen davontrugen und für den Rest ihres Lebens sportuntauglich waren. Vorteilhaft ist es auf alle Fälle, Rundeisen oder Wellengitter zu verwenden.

Krippe

Das Anbringen der Krippe für das Muttertier ist ebenfalls von großer Bedeutung. Sie darf nicht zu hoch (80–100 cm) plaziert werden, denn das Fohlen wird ständig versuchen, sich am Fressen zu beteiligen. Durch Anbringen zu hoher Krippen entstünde eine negative Wirkung auf die Oberlinie des heranwachsenden Fohlens.
Die Futterkrippe sollte auch lang genug sein. Kleine Futterschalen sind ungeeignet, denn die Pferde blasen beim Fressen ihr Futter schnell warm und zeigen dann oft starke Freßunlust. Ein Pferd frißt am liebsten, wenn es Widerstand spürt, also mit der Ober- und Unterlippe den Krippenboden

berühren kann. Um das Herauswerfen von Hafer zu verhindern, können in den Krippen Stäbe angebracht sein, jedoch sollten sie so große Abstände aufweisen, daß auch hier kein Pferd mit den Hufen hängenbleiben kann. Der feste Futtertisch mit einer Krippe oder einem Futtertrog (70–80 cm lang) aus glasiertem Ton mit möglichst glatter Oberfläche ist wohl die geeignetste Lösung. Solche Krippen lassen sich mühelos und gründlich reinigen. Man achte auch darauf, daß die Kanten des Futtertisches abgerundet sind und somit keinerlei Anlaß für Verletzungsgefahr geben.
Das Anbringen von Heuraufen dürfte wohl der Vergangenheit angehören. Das hohe Greifen nach dem Heu kann bei Jungtieren einen Senkrücken und der ständig herunterfallende Staub (bzw. Heusamen) Augenschäden hervorrufen. In einem modernen Pferdestall sind Futterraufen kaum noch zu finden, es sei denn, sie sind in Krippenhöhe untergebracht. Die Gitterung müßte dann auch hier so engmaschig und stabil konstruiert sein, daß Hufschläge der Stuten sowie der Fohlen nicht hindurchgleiten können, sonst haben wir wieder eine große Gefahrenquelle.
Die günstigste Heuaufnahme der Fohlen während der gesamten Aufzucht bleibt die Erdenfütterung. Dadurch wird der Rücken in eine natürliche Spannung gebracht und die gesamte Muskulatur – von den Hosen über die Kruppe, den Rücken bis zum Nackenband – gekräftigt.
Das Heranziehen der Krippen an die Stallgasse halte ich für unbedingt vorteilhaft. Die Fütterung, von der Stallgasse aus durchgeführt, geht auf diese Weise reibungslos, sauber, zeitsparend und ruhig vonstatten. So kann auch eine eingewiesene Person die Fütterung übernehmen, die – aus welchen Gründen auch immer – einmal als Vertretung eingesetzt wird.
Es werden heute noch in den modernsten Neubauten die Krippen an den Außenwänden angebracht mit dem Argument ›Verbindung zum Pferd‹, dem ich jedoch ganz und gar nicht zustimmen kann. Heute, da das Personal so knapp und das Kostbarste ›die Zeit‹ geworden ist, sollten wir alles tun, um unseren Stall so rationell wie möglich einzurichten. Wenn man aufrichtig ist und bedenkt, wie es während der Futterzeit in einem Reitstall, Gestüt oder Zuchtstall zugeht, muß man zugeben, daß dabei von Kontakt zum Pferd nicht mehr die Rede sein kann. Im Gegenteil: die Tiere

kratzen voller Ungeduld in der Einstreu, schlagen gegen die Wände, beißen in die Krippen und Gitterstäbe. Die Türen werden laut aufgerissen, manche Pferde stürzen sich gierig auf die Futterschwinge, und der Pfleger oder Futtermeister scheucht das Pferd mit einer heftigen Handbewegung von sich. Die Pferde kommen erst wieder zur Ruhe, wenn sie an der Krippe stehen und fressen.
Von den alten Kavalleristen kann man sich erzählen lassen, daß die Fütterungszeit oft eine Angstzeit war. Auch heute können einem in den Landgestüten, die zum Teil noch Standaufstallungen haben (Schwanzfütterung), Boshaftigkeiten während der Fütterung widerfahren.

Tränke

Auch über das Tränken der Pferde gehen die Meinungen der Fachleute auseinander. Das Tränken aus dem Eimer wird immer mehr von der Selbsttränke verdrängt. In früherer Zeit stark abgelehnt und einer heftigen Kritik unterworfen, ist die Selbsttränke heute eine echte Arbeitserleichterung und gehört einfach in einen modernen Pferdestall. Eine sehr sinnvolle Einrichtung ist das Zwischenschalten eines Wasseraufbewahrungsbehälters, der in einem heizbaren Raum untergebracht ist und durch den die Pferde stets frisches, wohltemperiertes Trinkwasser zur Verfügung haben. Das Tränkebecken sollte in einer Boxenecke angebracht werden, die der Krippe gegenüberliegt. Das Einbauen der Tränke direkt neben der Futterkrippe veranlaßt die Pferde, in wechselhaftem Fressen und Saufen ein ›Schweinefutter‹ herzustellen. Die Futterreste in den Ecken machen einen Gährungsprozeß durch, sind übelriechend und bilden einen idealen Nährboden für Bakterien bzw. krankmachende Keime.
Die Selbsttränken in den Boxen der Fohlenstuten sollten sich von der Stallgasse aus separat sperren lassen. Fohlen nehmen manchmal aus Langeweile zuviel Wasser auf und bekommen dann starken Durchfall.
An Selbsttränken sind die verschiedensten Ausführungen auf dem Markt, jedoch sollte der Fohlenaufzüchter kein Tränkebecken mit einer Schwimmereinrichtung ohne Dachdeckelung anbringen lassen. Durch das ständig sichtbare

Wasser wird das Fohlen geradezu zum ›Saufen‹ verführt. Bei Selbsttränken mit Schwimmereinrichtung ohne Dachdeckel ist die Säuberung recht mühevoll, wenn das Tränkebecken einmal durch Kot verunreinigt vorgefunden wird. Oftmals wird die entstandene ›Brühe‹ nicht gleich bemerkt, und die Pferde leiden dann allergrößten Durst.
Eine hastige Wasseraufnahme ist an der Selbsttränke nahezu unmöglich, da das Durchlaßventil nur einen geringen Wasserdurchlauf gestattet. Ein Pferd vermag bis zu 80 Liter Wasser pro Tag aufzunehmen. Der Wasserbedarf ist individuell verschieden und richtet sich im übrigen nach der Witterung, dem verabreichten Futter und der Leistung, die das Pferd zu vollbringen hat.
Die Wassertümpel auf den Weiden sollten trockengelegt und auch dort Selbsttränken aufgestellt werden. Untersuchungen haben ergeben, daß ein Tümpel keineswegs den heutigen hygienischen Anforderungen entspricht. Er ist ein Tummelplatz von Seuchenerregern – Blut- und Leberegeln, Parasiten und krankmachenden Keimen. Sind Brunnen mit Quell- oder Grundwasser vorhanden, können Pumpen installiert werden, mittels derer sich die Pferde das kühle Naß selbständig und jeweils nach Bedarf hochpumpen. Solche Brunnen müssen selbstverständlich abgedeckt werden, damit sie nicht durch Laub, Gras, etc. verunreinigt werden.
Die Gewöhnung an eine Selbsttränke geht verhältnismäßig schnell. Der Zuchtwart muß es den Tieren nur einige Male vorführen, indem er den Tränkedeckel mit der Hand leicht betätigt. Wichtig ist in dieser Hinsicht, daß der Druck in der Leitung nicht zu stark ist, damit das sehr vorsichtig und gefühlvoll saufende Pferd nicht durch dröhnende Schläge in der Leitung erschreckt wird.

Fußboden

Der Züchter sollte sich also sehr gründliche Gedanken darüber machen, wie eine Box für seine Fohlenstuten auszusehen hat. Sie darf auf keinen Fall zu klein sein: 3 x 4 und 5 x 4 m sind die gebräuchlichsten Maße.
Der Stallfußboden sollte so beschaffen sein, daß er sich leicht reinigen und desinfizieren läßt. Die hygienischen Vor-

aussetzungen sollten bei der Stallbodenkonstruktion im Vordergrund stehen. Die Fußbodenfläche der Stutenbox sollte einen hohen Gleitwiderstand besitzen, trocken sein und eine wärmedämmende Wirkung aufweisen.
Der Handel bietet eine Reihe der verschiedensten Bodenbeläge an, die genau geprüft werden sollten, bevor man sich zum Kauf entschließt. Da in einem Zuchtstall kein Hufbeschlag vorhanden ist und die Pferde ›barfuß‹ gehen, braucht bei der Wahl des Fußbodenmaterials die Frage des Verschleißes nicht berücksichtigt zu werden. Für eine problemlose Reinigung der Stutenbox ist es notwendig, daß in jeder Box ein Abfluß vorhanden ist.

Fensterfläche

Mit der Bemessung der Fensterfläche sollte man großzügiger verfahren als es bisher geschehen ist.
Schnitzer schreibt, daß die Fenster nicht nur absolut luft- und feuchtigkeitsundurchlässig sind, sondern auch einen sehr geringen Wärmedurchlaßwiderstand haben. Die Praxis zeigt, daß wir aber besonders an den kurzen Wintertagen auf das Tageslicht angewiesen sind. Da gibt es wenig Aufenthalt im Freien und auch nur seltenes Öffnen der halben Türen, um die Haut mit ausreichend Licht zu versorgen. Da ein Zuchtstall sowieso nicht zu warm sein sollte, ist die Helligkeit, die durch großzügige Fensterflächen einströmt, von größerer Bedeutung als die entweichende Wärme.

Die Aufzucht mit Surrogat und das Einsetzen einer Amme

Bei den meisten Haustieren, so auch bei unseren Pferden, befindet sich das Euter zwischen den Hinterschenkeln. Das Pferd hat beiderseits eine einfache Michdrüse mit je einer Zitze. Das Euter ist paarig angelegt und jede Zitze ist mit 2 Strichkanalöffnungen ausgestattet.

Die Muttermilch, insbesondere die Biestmilch, ist die einzige natürliche Nahrung unserer Fohlen in den ersten Lebenswochen. In ihr sind alle organischen und anorganischen Nährstoffe enthalten, die das Fohlen für seine Entwicklung braucht. Sie ist besonders angereichert mit Eiweiß, Kalk und Phosphor, wobei das Eiweiß als Aufbauprodukt eine wesentliche Rolle spielen dürfte.

Das Eutersekret in den ersten 2–3 Tagen nach der Geburt bezeichnet man als Kolostrum (Biestmilch – erste Milch). Es ist eine schleimige, wäßrige, klebrige Flüssigkeit und noch keine richtige Milch.

Neuerdings legt man in den Vollblutgestüten eine Milchbank an. Diese Reserven von Kolostralmilch werden in normalen Tiefkühltruhen aufbewahrt, um im Bedarfsfall (Tod der Mutter nach der Geburt oder keine Milchleistung) schnellstens zur Hand zu sein. Jeder größere Zuchtbetrieb sollte sich dieser sinnvollen Einlagerung von Kolostralmilch bedienen.

Uppenborn berichtet, daß im Hinblick auf Vitamin A und den Karotingehalt die Monate Mai und Juni am günstigsten für eine Kolostralmilch-Einlagerung sind. Da der Gehalt an Globulin nach dem ersten Saugen rasch absinkt, empfiehlt es sich, die Milchreserve bei einer frisch gefohlten Stute vor dem ersten Saugen zu entnehmen. Dabei ist auf peinliche Sauberkeit allergrößter Wert zu legen (Euterwäsche und saubere Hände). Bei mangelnder Sorgfalt wird hier mehr Unheil angerichtet, als daß ein Nutzeffekt erzielt wird, denn eine verschmutzte, unsaubere Kolostralmilchreserve ist wertlos.

Die geballte Ansammlung von Immunitätsstoffen im Kolostrum ist für das schutzlos geborene Fohlen eine Art Schluckimpfung. Der reibungslose Abgang des Darmpechs ist in erster Linie der Biestmilch zu verdanken. Sie wirkt abführend und macht den Darm schlüpfrig und gleitfähig.

Die reservierte Milchmenge kann 500–800 ml betragen und sollte aus beiden Euterhälften gleichzeitig abgemolken werden.

Stutenmilch besteht zu 90% aus H_2O und zu 10% aus festen Bestandteilen. Der Milchzuckergehalt wird mit ca. 6,3% und der Fettgehalt mit ca. 1,1% angegeben – es ist also eine sehr süße, klebrige, wäßrige und fettarme Milch. Die Milchleistung steigt nach der Geburt stark an und hat in der 5.–6. Säugewoche ihren Höhepunkt erreicht.
Man kann beobachten, daß die Fohlen fast stündlich saugen, wenn sie ihre Säugetätigkeit selbst bestimmen können.
Die tägliche Milchproduktion kann bei unseren Stuten durchaus 20 Liter betragen, die Gesamtmilchleistung während der Laktation liegt bei 1400–1700 Liter.
Nußhag berichtet, daß die Milchleistung physiologisch begrenzt ist und daß die Tiere erst nach drei bis vier Geburten in Menge und Qualität ihrer Milchleistung den Höhepunkt erklommen haben.
Wie es heißt, wachsen die Tiere in die Milch und steigen mit 10–12 Jahren wieder langsam ab.
Der Vitamingehalt der Milch hängt in hohem Maße vom Futter ab. Es kommen vor: Vitamin A und sein Provitamin (Karotin), Vitamin D und Vitamin E, alle drei sind im Milchfett enthalten. Neben diesen fettlöslichen Vitaminen enthält die Milch Vitamine der B-Gruppe und Vitamin C. Der Mineralgehalt der Milch ist auf die Bedürfnisse des Neugeborenen bezüglich seines Skelettaufbaus eingestellt.
Die Fütterung und Haltung der Stuten haben einen großen Einfluß auf die Milchergiebigkeit. Die Anlage zur Milchergiebigkeit ist erblich. Stuten in bestem Futterzustand (Fetteuter oder Fleischeuter) mit nur geringer oder gar keiner Milchsekretion sollten aus der Zucht ausgeschlossen werden.
An Milchmangel leiden besonders fettansetzende Stuten und solche, die zum ersten Male fohlen. Das Fehlen von Milchsekretion nach der Geburt kann allerdings auch auf eine Euterentzündung zurückzuführen sein, die meistens klinisch erkennbar ist. Zuerst wird der Züchter versuchen, eine Stute mit geringer Milchsekretion, sei es durch eine milchbildende Fütterung (Weizenkleie – Leinsamen – Sojabohnen – Milchpulver – Voll- oder Magermilch) oder durch eine mechanische Reizung der Milchdrüsen wie Eutermassage und ständiges Ansetzen des Fohlens, wieder zu höherer Produktion zu bringen.
Plötzlicher Fohlendurchfall braucht nicht immer durch ver-

mehrte Wasseraufnahme des Fohlens oder durch die Rosse der Stute hervorgerufen zu werden. Eine nicht einwandfreie Milch (flockig, geronnen, mit Eitersekret durchsetzt) kann für den Verdauungsapparat des Fohlens krankmachend sein und lebensgefährlich werden. Dieses passiert häufig, wenn der Züchter eine Fieberkrise des Fohlens nicht wahrnimmt. Die Fohlen setzen mit dem Saugen aus oder saugen nur oberflächlich. Die Milchproduktion der Stute läßt das Euter prall anschwellen und mitunter steinhart werden, so daß eine Euterentzündung nicht ausbleibt.

Zurück zur Milchergiebigkeit.

Wenn alle Bemühungen versagen, die Stute ›auf Milch‹ zu bekommen, muß die künstliche Aufzucht mit Surrogat oder die Aufzucht durch eine Amme erfolgen.

Amme

Als Ammen eignen sich bestens schwere Stuten wie Kaltblut, Haflinger oder Kreuzungsprodukte, also Muttertiere mit viel Phlegma, Gutmütigkeit, Ausgeglichenheit und einer prächtigen Euteranlage.

Das Zusammenbringen von Ammenstute und verwaistem Fohlen erfordert vom Züchter sehr viel Gefühl, Ausdauer und Überlistungskunst.

Wenn möglich, sollte das Zusammenführen von Amme und Fohlen ohne Bremse, Spannstricke, Beruhigungsspritze, Lärm und Menschenansammlungen vonstatten gehen. Das Ansetzen von Fohlen an eine Ammenstute wird ohne Schwierigkeiten vor sich gehen, wenn die Stute ihr Fohlen bereits schon bei der Geburt verloren hat. Je länger die Ammenmutter ihr leibliches Fohlen gesäugt hat, um so mühevoller ist es, sie an ein neues Fohlen zu gewöhnen. Oft werden daher in solchen Situationen, wenn man einer Amme bedarf, die Fohlen von weniger wertvollen Stuten frühzeitig abgesetzt und wie die Kälbchen aus dem Eimer getränkt.

Man sollte Amme und Fohlen nicht unvermittelt zusammenführen, sondern ihnen eine kurze Zeit des Kennenlernens einräumen. Eine bewährte Methode ist, Amme und Fohlen auf einen Hänger zu verladen und eine Stunde spazieren zu fahren. Hier, von einer Zwischenwand getrennt,

das Gleichgewicht suchend, vermischen sich am schnellsten die Geruchsempfindungen. Das Muttertier wird kurz angebunden, so daß keine Bißverletzungen entstehen können. Ein ruhiges Zureden des Züchters und das Festhalten der aufgetrensten Stute bringen meistens schon den gewünschten Erfolg. Um die Dazugehörigkeit des Fohlens noch zu unterstreichen, wird das Fohlen mit dem selben Putzzeug, geputzt, mit dem auch die Amme gepflegt wird. Das Auswählen einer für die Ammenstute fremden Box erleichtert die Zusammenführung.
Eine gute Vorsichtsmaßnahme ist das Anlegen von Filzhufschuhen an die Hinterbeine der Stute. Sollte die Stute doch einmal ausschlagen, bleiben die Treffer in diesem Falle wirkungslos.
Das Benetzen des Fohlens mit der Ammenmilch oder sogar mit dem Kot der Stute (Kruppe und Sprunggelenke) sind weitere positive Hilfsmaßnahmen.
Alle diese Hilfsmaßnahmen sollte der Züchter in Erwägung ziehen, wenn er einmal eine Ammenstute einsetzen muß.

Surrogat

Die Aufzucht mit Surrogat ist weit mühevoller und erfordert von der durchführenden Person eine große Opferbereitschaft. Sauberkeit, Pünktlichkeit und Ausdauer sind hier die Eigenschaften, die den Erfolg garantieren. Es gibt heute exakt errechnete Surrogat-Zusammenstellungen, die jedermann über den Futtermittelhandel beziehen kann.
In den ländlichen Betrieben sind wohl die meisten von der Hand aufgezogenen Fohlen mit der altbewährten Kuhmilch genährt worden. Im Verhältnis 3 : 1 mit Wasser verdünnt und mit Zucker und Dextropur versüßt, bildet dieses Surrogat eine recht natürliche Nahrung für die kleinen verwaisten Fohlen. Das Tränken muß in den ersten Tagen und Wochen alle 2 Stunden durchgeführt werden, auch nachts.
Das Surrogat darf nicht zu warm und nicht zu kalt sein (Körpertemperatur). Wichtig ist, daß das Fohlen wirklich selbständig an der Flasche zu saugen beginnt und das Surrogat nicht gewaltsam ins Maul eingeflößt wird. Die Fohlen zeigen Widersetzlichkeiten, wodurch ihre ohnehin schon

geschwächte Energie gänzlich verloren geht; allzuleicht gerät das Surrogat in die unrechte Kehle (Luftröhre – Lunge). Der abgeschnittene Finger eines stabilen Gummihandschuhs erfüllt als ›Schnuller‹ vollauf seinen Zweck. Eine Plastikflasche mit einem Kälbernuckel darauf ist erprobt und hat sich bestens bewährt.

Die Flasche und der Nuckel müssen vor jeder Mahlzeit mit kochendem Wasser gesäubert werden. Nicht ausgetrunkene Reste sollten nicht nochmals aufgewärmt werden; der Züchter muß vielmehr dem Fohlen ständig ein sauberes, frisch zubereitetes Surrogat verabreichen (Säuerungsprozeß).

Bei der Verwendung von Surrogat gelten die gleichen Regeln wie bei der Aufzucht mit einer Amme. Keine Gewalt oder Hektik, sondern Ruhe, Gelassenheit und enorm viel Geduld sind die Voraussetzungen für den Erfolg. Immer wieder und so früh wie möglich wird man versuchen, dem Fohlen das Tränken aus dem Eimer beizubringen.

Wenn diese Klippe überwunden ist, braucht man um das Fohlen und seine Entwicklung bzw. sein Wohlergehen keine große Sorge mehr zu haben.

Die Zufütterung der Saugfohlen bis zum Absetzen

Zusammensetzung des Futters

Ein Futtermittel besteht aus Trockensubstanzen und Wasser (H_2O). Die Trockensubstanz teilt sich in organische und anorganische Stoffe (Fe, S, P, Ca, Na, K) auf.
Organische Stoffe sind N-freie Stoffe, wie Kohlehydrate, Zucker, Stärke, Zellulose und die Fette mit ihren Säuren. Kohlehydrate können gespeichert werden, sie bilden Wärme, Kraft und Energie. Eiweiß kann schlecht gespeichert werden. Es wird benötigt zur Bildung von Milch und neuer Leibesfrucht. Fette werden ebenfalls gespeichert (Wärmequelle). Je nach Anteil der Fettsäure unterscheiden wir feste, flüssige und weiche Fette.
Wir unterscheiden:
1. *Rauhfutter:* Heu und Stroh. Der Wert ist von der Gewinnung abhängig. Es bewirkt das Sättigkeitsgefühl und regt die Magen und Darmtätigkeit an.
2. *Grünfutter:* Steht zur Verfügung durch Wiesen, Weiden und den Ackerfutterbau. Es enthält Eiweiß, Mineralien, Vitamine und kann Verdauungsstörungen hervorrufen.
3. *Saftfutter:* Hat einen hohen O-Gehalt. Rüben, Mohrrüben, Kartoffeln usw. enthalten viel Kohlehydrate. Die Pferde schwitzen leicht. Rübenschnitzel und Schlempe (Mash) zählen zu den Saftfuttermitteln.
4. *Kraftfutter:* Nährstoffreiches Futtermittel. Hafer ist leicht bekömmlich und wirkt sich günstig auf die Leistung aus. Kleie ist eiweißhaltig und kohlehydrathaltig. Milch ist leicht verdaulich, bekömmlich und ersetzt andere Futtermittel.
5. *Vitamine:* Die Vitamine sind Stoffe, die für den normalen Ablauf der Stoffwechselvorgänge sorgen.
Vitamin A ist in Grünfutter, Lebertran, in den Mohrrüben und im Heu enthalten.
Mangelerscheinungen sind Wachstumsstörungen, Nachtblindheit, Schädigung des Nervensystems und Hautschäden.
Vitamin D ist in Grünfutter, Heu, Getreidekeimlingen enthalten und wird mit Hilfe der Ultrastrahlen (Sonne) gebildet.
Mangelerscheinungen sind Rachitis und Knochenweiche.
Vitamin B ist enthalten in Grünfutter, Heu, Kleie und Rüben.
Mangelerscheinungen sind Krämpfe und Lähmungen.
Vitamin C ist enthalten in Grünfutter, Zitronen und Hagebutten. Mangelerscheinungen sind Blutarmut und Skorbut.

Beobachtungen bei der Fütterung

Die Notwendigkeit der Zufütterung bei den Saugfohlen ist längst noch nicht in alle Züchterkreise vorgedrungen. Die Ansicht, daß die Fohlen bis zum Absetzen auf gar keinen Fall Kosten bereiten dürfen, wird noch sehr häufig vertreten. Jedermann weiß, daß Tiere, wenn man ihnen nichts zu fressen gibt, verhungern; daß aber Fohlen bei der Zufütterung besser, schöner und größer gedeihen, ist oft nur unzulänglich bekannt. Das Mitfressen an der Mutterration reicht bei weitem nicht aus. Die Stuten fressen viel zu schnell, da sind die kleinen Saugfohlen stark benachteiligt.

Durch ständiges Wiegen hat man festgestellt, daß sich das Geburtsgewicht der Saugfohlen in etwa 60 Tagen ungefähr verdoppelt. Diese Tatsache soll veranschaulichen, daß im Fohlenalter eine rapid ansteigende Wachstumszone vorhanden ist, die man durch die Zufütterung unterstützen und ausnützen sollte.

Nach meinen Beobachtungen kann die Zufütterung konzentrierter und forcierter betrieben werden, je höher ein Fohlen im Blut steht. Beispielsweise verträgt das Vollblutfohlen eine weit größere Eiweißgabe als das Trakehner-Fohlen, und dieses wiederum hebt sich von den Warmblutfohlen ohne Blutführung ab.

Bei einer zu reichlichen Eiweißgabe kann man beobachten, daß die Warmblutfohlen angelaufene Beine und unklare Gelenke bekommen, während ein Blutfohlen bei gleicher Fütterung keine Beschwerden sichtbar werden läßt.

Oft kommt es auch zu unschönen Gallenbildungen, die meistens nie wieder ganz verschwinden. Die Synovia (Gelenkschmiere) wird durch Eiweiß, das schlecht gespeichert werden kann, gebildet, es kommt zur Überproduktion, und eine Kapselausstülpung wird sichtbar. In der Fachsprache sind es die ›vollen Gelenke‹.

Größenwachstum

Von einer 155 cm großen Stute kann man in der ersten Generation keine riesigen Produkte erwarten, selbst wenn das Vatertier ein Stockmaß von 170 cm aufweist. Die Größenunterschiede sind zu extrem. Ausnahmen bestätigen

allerdings die Regel. Selbst mit der Fütterung ist in solchen Fällen fast nichts zu erreichen. Mit einem Hengst von 165 cm könnte man in solchen Fällen unter Umständen mehr hervorbringen.
Überhaupt wird meines Erachtens gerade in der letzten Zeit der Vererbung des Hengstes eine viel zu große Bedeutung beigemessen, und die Muttertiere werden nur am Rande erwähnt. Ich meine, eine ausgezeichnete Mutterstute bringt auch mit einem mittelmäßigen Hengst ein brauchbares Fohlen, und ich bin der Auffassung, daß die Stute 75% ihrer Erbanlagen in das zu erwartende Fohlen investiert.
Hoogen schreibt, daß es schwer ist, das Größenwachstum sowohl auf züchterischem Wege als auch durch entsprechende Aufzucht zu erweitern. Man kann zwar den Wachstums-Zyklus vorverlegen, aber dadurch das Höhenmaß im Endstadium doch kaum beeinflussen; es wird hormonell gesteuert.
Ich nehme an, daß der Autor dabei in erster Linie an seine Trakehner-Zucht denkt, denn diese ist eine Reinzucht und erhält keinerlei Impulse in bezug auf die Größe, wie es bei den anderen Landespferdezuchten der Fall ist.
Inwieweit die vermehrte Zufütterung das Größenwachstum zu beeinflussen vermag, wird man wohl kaum exakt herausfinden können. Da kann es dann nur bei einem mageren, schlecht entwickelten Dreijährigen heißen: ›Wenn der Futter gehabt hätte ...‹, oder bei einem gut und protzig aussehenden Dreijährigen: ›Na, wenn wir den aber auch nicht so gefüttert hätten ...‹ Fest steht auf alle Fälle, daß eine mangelhafte Futterversorgung schmale, schwache, unterentwickelte Tiere hervorbringt, die sich rudimentär entwickelt haben und eine Leistung kaum zustande bringen werden. Nicht umsonst heißt es, daß ein Versäumnis in der Fütterung im ersten Jahr schwerlich aufzuholen ist. Wenn wir an die Düngung denken, die die Vegetation sprießen läßt, wenn wir die Wildpferdherden mit unserer Kulturpferdezucht vergleichen, wenn wir an die Tiere denken, die aus irgendeinem Grund nur eine geringe Nahrungsaufnahme mitmachten und zu ›Kümmerlingen‹ wurden, sollten wir doch annehmen, daß eine überlegte, an Nährstoffen ausgewogene Fütterung im ersten Jahr eine positive Wirkung auf das Größenwachstum der Pferde ausübt.
Da die Fohlenpreise stark angezogen haben und damit auch

die Zucht zum lukrativen Betriebszweig geworden ist, erscheint es recht wichtig, daß der Züchter einen sehr gut entwickelten Absetzer vorstellen kann.
Die Faustregel: ›Gib deinem Fohlen soviel Pfund Hafer, wie es Monate zählt‹, wird den anspruchsvollen Züchter nicht zufriedenstellen.
Für eine konzentrierte Fütterung ist es unbedingt notwendig, daß den Fohlen eine tägliche Bewegung zugesprochen werden muß. Sie regt den Appetit an, die Tiere reagieren sich ab und der unerwünschte Fettansatz bleibt aus. Bei fetten Fohlen wird das Skelett in seiner Entwicklung stark gehemmt, und die Organe werden über Gebühr belastet.
Es gibt dazu eine alte Regel, die mir persönlich von einem ostpreußischen Futter- und Fohlenmeister übermittelt wurde: ›Im ersten Jahr füttere in die Größe und im zweiten Jahr in die Tiefe.‹ Das heißt also, im ersten Jahr gebe man Kurzfutter (Kraftfutter: Mineralien und Vitamine), um es mal grob auszudrücken. Die Wachstumszone wird durch gezielte, treibende Fütterung ausgeschöpft, damit im ersten Jahr große, prächtig entwickelte Jährlinge vorgezeigt werden können.

Heu

Im zweiten Jahr sollen die Zweijährigen viel Heu aufnehmen, damit eine starke Rippenwölbung entsteht. Zweijährige können ruhig aussehen wie tragende Stuten. Der Bauch verliert sich später wieder. Die vermehrten Rauhfuttergaben bewirken das Sättigkeitsgefühl und schaffen die tonnige Rippe. Die Pferde bekommen Tiefe und Breite und der Brustkorb bietet ausreichend Platz für die Entwicklung der inneren Organe.
Mit der Rauhfutteraufnahme beginnen die Saugfohlen recht früh. Bereits als Absetzer verbrauchen sie schon täglich eine beachtliche Portion Heu.
Das verabreichte Heu muß allerbester Güteklasse sein und sollte nach Möglichkeit separat gefüttert werden. Ein Qualitätswiesenheu, welches artenreich an Kräutern und Edelgräsern ist, wird von den Saugfohlen bevorzugt aufgenommen. Der Züchter sollte hier wirklich nicht an der falschen Stelle sparen.

Der Wert eines Heus ist von der Bodenbeschaffenheit, vom Klima (von der geographischen Lage), von der biologischen Zusammensetzung der Gräser/Kräuter, von der Düngung und der Gewinnung abhängig.
Luzerne- und Kleeheu sind am gehaltvollsten. Bei herrlichem Heuwetter, auf Reutern getrocknet und lose eingefahren, damit die Blatteile erhalten bleiben, sind sie reich an Vitamin A und D, an Eiweiß und Mineralstoffen. Oft tritt der Fall ein, daß das eigene Heu verregnet und nicht die gehaltvolle Qualität besitzt, die man sich gerne wünscht. Dann müssen Heuankäufe getätigt werden, die für die Aufzucht bis zum Jährling reichen sollten.
Vor dem Heuankauf lasse man sich ein bis zwei Ballen zur Prüfung schicken mit der schriftlichen Zusicherung, daß der gesamte Posten dieselbe Qualität besitzt.
Der Züchter prüft nun den Geruch, die Farbe, den Griff, das Gewicht und die Bestandteile an Gräsern und Kräutern.
Ein gutes Fohlenheu ist immer ein feines Heu, während die Stuten das grobere bevorzugen.

Kurzfuttermittel

Die Futtermittelindustrie hat eine Reihe von Fohlenfertigfuttern im Handel, deren freie Wahl ich jedem Züchter selbst überlassen möchte. Der Fohlenaufzüchter sollte sich aber ein wenig mit der Futteranalyse beschäftigen. Der Neuling in dieser Branche sucht am besten einen Apotheker auf und läßt sich die in Prozenten angegebenen Futtermischungen plausibel erklären.
Wenn man seinen Pferden etwas Gutes tun will, kann man ihnen auch diverse Zusatzfuttermittel verabreichen. Die Hauptsache ist, daß endlich einmal die einseitige Heu-Haferfütterung aufhört.
Der fortgeschrittene und versierte Fohlenmeister stellt sich seine Futterration für seine Sprößlinge selbst zusammen. Eine individuelle Fütterung steht bei der Aufzucht der Fohlen im Vordergrund. Mit gesundem Quetschhafer, grober Weizenkleie, Mohrrüben, Leinsamen, Magermilchpulver, Algenmehl, Dorschmehl, Lebertran, Mineralstoffgemisch (mit Kalk angereichert), Karlsbader Salz, Lugolscher Lösung, Jodlecksteinen und Heuhäcksel kann der Fohlen-

aufzuchtspezialist ein abwechslungsreiches Futterprogramm zusammenstellen.
Uppenborn verlangt bei der Fütterung der Saugfohlen den höchsten Nährwert bei nur geringer Masse. Es gilt hier auch in verstärktem Maße, wie bei der Rauhfutterbeurteilung, nur allerbeste Qualitätsfuttermittel zu verwenden. Das Beste ist für ein Saugfohlen gerade gut genug.
Man sollte die Tiere langsam an ein neues Futtermittel gewöhnen, die Futterzeiten einhalten und kleine Rationen zusammenmischen (bessere Auswertung).
Die Fohlen beginnen alle unterschiedlich mit der Aufnahme von Krippenfutter. Zuerst ist es ein spielerisches ›Muffeln‹. Der Züchter sollte mit der Zufütterung von einer Handvoll Quetschhafer beginnen und ständig langsam ein Zusatzfuttermittel nach dem anderen hinzufügen. Die Rationsgröße richtet sich nach der Freßlust der kleinen ›Burschen‹. Man sollte von Anfang an darauf bedacht sein, daß sie das ihnen zugedachte Futter auch auffressen. Sollte das nicht der Fall sein, so gibt man den Saugfohlen nicht weniger, sondern setzt einmal eine Mahlzeit ganz aus.

Fohlenkrippen

Es gibt nun mehrere Möglichkeiten, den Saugfohlen das Futter zu verabreichen, ohne daß die Mutterstuten sich daran beteiligen können.
1. Wenn der Futtertisch nicht zu hoch angelegt ist, kann die Stute von der Krippe weggebunden werden und die Zufütterung aus der mütterlichen Krippe erfolgen. Damit sich das Fohlen in der Anbindung nicht einwickeln und aufhängen kann, hat sich eine feingliedrige Kette (ca. 80 cm lang, verzinkt) mit einem übergezogenen Plastikschlauch und einem Panikhaken ausgezeichnet bewährt.
2. Eine Fohlenkrippe aus Holz mit Beschlägen, die der Züchter in die Box reinhängen und rausnehmen kann, tut ebenso ihre Dienste. Die Krippe weist in ziemlich engen Abständen Stäbe auf, so daß wohl das Fohlen, aber nicht das Muttertier an das Futter gelangen kann.
Da die Jochbeinleisten der Fohlen an den Krippenstäben leicht verletzt werden können, müssen die Krippen möglichst flach gehalten werden.

Die Stuten können bei dieser Fütterungstechnik oft sehr ärgerlich werden und den Fohlen gegenüber unsanft auftreten.
Das feste Anbringen der Fohlenkrippen in der Box erhöht die Unfallgefahr und verkleinert das Boxenvolumen.
3. Die dritte Möglichkeit böte eine Fohlenkrippe, die in der Stallgasse untergebracht wäre. Die Boxentür wird mit einer Vorrichtung so weit offen gehalten, daß nur das Saugfohlen gerade noch heraus- und hereinspazieren kann. Diese Lösung ist nicht die schlechteste. Auf der Stallgasse darf nur keine Zugluft herrschen - was aber oft der Fall ist.
4. Die idealste Lösung wäre es, wenn an der Stutenbox eine kleinere Futterbox für das Fohlen vorhanden wäre. Die Futterbox hätte wohl die Breite der Stutenbox, brauchte aber nicht die Länge zu besitzen (2 m). Ein schmaler tiefgehaltener Durchgang erlaubte dem Fohlen, nach Herzenslust an sein separates Krippenfutter und Spezialheu zu gelangen.

Weide

Sollte es die Witterung irgendwie zulassen, müßten die Stuten mit ihren Fohlen auf die Weide. Sobald die Vegetation es erlaubt, sollte der Züchter bestrebt sein, das erste eiweißreiche Grün für seine Stuten (Milchleistung und Bildung neuer Leibesfrucht) und deren Fohlen zu gewinnen. Die Stuten werden zum zweiten Male ›melk‹ – wie der Landwirt sich auszudrücken pflegt.
Für die Fohlenstuten müssen die besten Weiden reserviert werden. Der Kalk- und Phosphorsäuregehalt der Weiden muß gut sein, damit dem Fohlen genügend Mineralien zugeführt werden.
Die Sonnenstrahlen und der Sauerstoff lassen die Fohlen unbändig in ihrem Temperament und ihrer Unternehmungslust erscheinen.
Trotz alledem gibt es heute noch kein hundertprozentiges Rezept, um unseren Pferden eine unter den Pflanzenarten und -familien biologisch verträgliche Kulturweide anzubieten. Es mag wohl daran liegen, daß man bis heute noch nicht den realen Vitamin- und Mineralstoffbedarf eines Pferdes genau errechnen kann.

Wie oft beobachtet man, daß Weidepferde und -fohlen von einer guten, gesunden Weide mit reichem Pflanzenbestand und Futterwert versuchen, durch den Koppelzaun die nach unseren Ansichten wertlosen staubigen Gräser und Kräuter zu erhaschen.
Zusammenfassend sei festgehalten: Das Pferd ist ein anspruchsvolles Weidetier. Es verfügt je nach körperlichem Entwicklungs- und Gesundheitszustand über ein erstaunliches instinktives Wahl- und Unterscheidungsvermögen unter den Pflanzen. Der Aufbau der Koppeln, Weiden und Wiesen in Mitteleuropa besteht aus tausend verschiedenen Pflanzenarten, die nahezu aus hundert Pflanzenfamilien stammen. Das Dauergrünland ist und bleibt die wichtigste Hauptfutterquelle in der Aufzucht unserer Pferde.
Die Hauptaufgabe eines jeden Züchters muß es sein, die Weidedauer zu verlängern und eine hohe Qualität des Weidegrases zu erreichen.
Die Frühreife, speziell in der Vollblutzucht, und die enorme Jugendentwicklung der Pferde stellen an den Züchter in bezug auf die Weidewirtschaft höchste Anforderungen. Wegen der starken Infektionsgefahr, die eine Stallhaltung immer in sich birgt, sollten die Fohlen so zeitig wie möglich ins Freie gebracht werden. Gräser und Kräuter haben heilsame Kräfte, einen hohen Eiweiß-, Vitamin- und Mineralwert, geben den Mutterstuten neue Reserven, qualitätsvollere Milchleistung und den Fohlen Widerstandsstoffe gegen die Vielzahl von Jugendkrankheiten.

Das Absetzen der Fohlen

Das Absetzen der Fohlen von der Mutter ist ein wichtiger Vorgang im Leben unserer kleinen Schützlinge.
In früherer Zeit, als das Muttertier noch zur Arbeit herangezogen wurde, begann man mit dem Absetzen bereits schon nach 3 1/2 Monaten.
Dieser frühe Zeitpunkt ist heute nur noch dann gerechtfertigt, wenn das Muttertier eine versiegende Milchleistung aufweist oder seinem Fohlen gegenüber nicht gerade sanft auftritt.
In den führenden Gestüten und den meisten Zuchtbetrieben werden die Fohlen mit 5 1/2 – 6 Monaten von der Mutter getrennt.
Da die Mutterstuten heute ausschließlich der Zucht dienen, sollte der Züchter die Fohlen getrost volle sechs Monate an der Mutter belassen. In diesem Alter bleibt der psychologische Schock aus, und die Fohlen kommen leichter über die Trennung von der Mutter hinweg.
Fohlen, die sechs Monate die Muttermilch genossen haben, erleben keinerlei Unterbrechung in ihrer Entwicklung.
Werden die Fohlen jedoch zu früh abgesetzt, verlieren sie an Fleisch, ›sie kommen von der Krippe‹, wie der Fachmann sagt.
Je länger die Säugezeit, desto unkomplizierter versiegt die Muttermilch nach dem Absetzen.
Die Fohlen sollten auf das Absetzen vorbereitet werden.
In Gestüten oder größeren Zuchtbetrieben ist es allein schon arbeitstechnisch sinnvoll, wenn die Abfohlungen zeitlich dicht beieinander liegen. So kann auch das Absetzen von mehreren Fohlen gleichzeitig durchgeführt werden.
Kommen mehrere Fohlen nach der Trennung von ihrer Mutter zusammen in einen Laufstall oder auch zu zweit in eine Box, so merken sie kaum den Verlust der Mutter.
Um in diesem Stadium keine Störungen in der Entwicklung aufkommen zu lassen, müssen die Fohlen voll im Futter stehen, das heißt, daß die Fohlen schon während der Säugezeit an das Krippenfutter gewöhnt wurden.
Der Züchter sollte seine Fohlen auch sehr früh an das Führen gewöhnen. Später werden die kleinen Zöglinge sehr kräftig und es kommt zu unschönen Zweikämpfen zwischen Mensch und Tier. Ein Absetzer wird mit einem brauchbaren Lederhalfter versehen. Es sollte nach Möglichkeit ein Halfter sein, das aus Chromleder gefertigt ist (Haltbarkeit)

und sich bis zum Jährlingsalter verschnallen läßt.
Der versierte Pferdezüchter führt kurz vor dem Absetzen nochmal eine Wurmkur durch, ferner läßt er die Hufe erneut durch den Schmied in Ordnung bringen.
Bei wertvollen Hengstfohlen habe ich es im Hauptgestüt Graditz erlebt, daß man sie nach dem Absetzen in Einzelboxen hielt und mit einem Halfter und einem ca. 80 cm langem Strick daran frei in der Box laufen ließ. Der Absatzhengst trat während des Tages unzählige Male auf den Strick und zog diesen ständig unter seinen Hufen hervor. Wenn er derart ein paar Stricke verschlissen hatte (die Zahl war je nach Hengst unterschiedlich), kannte der Hengst den Druck im Genick und ließ sich ohne Schwierigkeiten und Widersetzlichkeiten anbinden. Eine nachahmenswerte Methode bei Blutpferden.
Überhaupt bevorzugen die meisten Vollblutgestüte das Absetzen in Einzelboxen.
Da die Pferdezucht heute ein lukrativer Betriebszweig geworden ist und eine starke Nachfrage nach Absatzfohlen besteht, ist es für den Züchter von großer Bedeutung, einen gut entwickelten, gesunden Absetzer vorzustellen.
Der Zeitpunkt des Absetzens wird ebenfalls verschieden gehandhabt. Einige Züchter sind der Meinung, für die Prozedur der Trennung die Morgenstunden auswählen zu müssen, andere sprechen sich für das Absetzen der Fohlen am Abend aus.
Wenn die Stuten mit ihren Fohlen abends von der Weide reingeholt werden, läßt sich das Absetzen ohne große Probleme durchführen. Durch das regelmäßige Beobachten der Fohlen auf der Weide hat der Züchter längst erkannt, welche Fohlchen Freundschaft miteinander geschlossen haben. Am Abend sind die Euter der Stuten stark abgesogen, und die Fohlen zeigen sich durch den Tagesaufenthalt im Freien sehr phlegmatisch, bedingt durch die Bewegung, das Sonnenlicht und die frische Luft.
Die Stuten werden drei bis fünf Tage vor dem Absetzen vom Futter genommen, und auch das Trinkwasser kann bemessen werden.
Gleich nach dem Absetzen kommen die Stuten auf eine Weide, die möglichst weit von den Stallgebäuden entfernt liegt, damit die Fohlen das Wiehern der Stuten nicht hören können und umgekehrt.

Ferner sollte die Weide möglichst geringen Futterwuchs aufweisen, damit es auch mit den Eutern keine Schwierigkeiten gibt. Sehr gut bewährte sich, die Euter mit einer zwanzigprozentigen Kampfersalbe einzureiben.
Wenn es nicht unbedingt erforderlich ist, und das ist es bei der Trennung am Abend nicht, braucht der Stutenmeister nicht abzumelken. Er muß, und das ist wichtig, lediglich die Euter der Stuten ein paar Tage lang kontrollieren, denn es könnte sich flockige Milch bilden und das Euter steinhart anschwellen, so daß eine Euterentzündung mit gelblichgrüner Sekretabsonderung die Folge wäre. Durch den Kampfer, die Bewegung und eine karge Koppel geht die Milch der Stute jedoch schnell zurück.
Für das langsame Absetzen peu à peu kann ich mich nicht begeistern. Starke Unruhe, wildes Toben und Freßunlust sind zwar natürliche Reaktionen, aber sie halten bei der allmählichen Trennungsmethode länger an.
Das Zusammenführen von mehreren Absatzfohlen, sei es nun zu zweit in eine Box oder in einen Laufstall, nimmt den Fohlen recht schnell den Drang zur Mutter. Sie beschäftigen sich mit ihren Boxenpartnern, die sie ja schon kennen. Auf einem so engen Raum, wie ihn die Box im Vergleich zur Koppel darstellt, kommt es meistens sofort zu kleinen Rangordnungskämpfen. Wenn die Boshaftigkeiten zu große Ausmaße annehmen und keine Ausweichmöglichkeit besteht, muß der Züchter eingreifen. Er sollte dann ein anderes Fohlenpärchen zusammenstellen. Die Fohlen sollen aber in diesem Stadium in ihrer gewohnten Umgebung bleiben.
Vor dem Absetzen ist es zweckmäßig, eine kleine ›Matratze‹ in der Fohlenbox anwachsen zu lassen. Die Tiere haben dann eine griffige, trittfeste Unterlage, sie rutschen nicht so leicht aus und Verletzungen sowie Verrenkungen werden vermieden. Nach ein paar Tagen (wenn sich die Fohlen beruhigt haben) können die Boxen gemistet, gesäubert und desinfiziert werden.
Um nun die Fohlen gleich nach dem Absetzen zu beschäftigen, bietet man ihnen ihr gewohntes Krippenfutter an und macht es ihnen durch ein paar besonders verführerische Leckerbissen schmackhaft.
Das Absetzen zu zweit in eine Box ist allein schon wegen der vermehrten Freßlust zu befürworten. Durch den

Futterneid angeregt, nehmen die Fohlen, ohne von der Krippe zu weichen, ihre Mahlzeiten ein. Die Trennung von ihrem Boxenpartner zu einem späteren Zeitpunkt ist problemlos.

Man sollte die Absetzer am nächsten Morgen direkt wieder in den Auslauf oder in eine gut eingefriedete Koppel bringen. Die Tiere acht Tage lang im Stall zu behalten, ist sehr gefährlich. Kommen die Fohlchen dann ins Freie, sind sie wie blind und derartig energiegeladen, daß sie selbst vor Hecken und Zäunen nicht haltmachen. Bei dieser Handhabung bekommen alljährlich die jungen Fohlen ihre ersten Verletzungen.

Der Absetzer kann bereits mit einer Wurzelbürste und einem Lappen behutsam geputzt werden. Die Mähne und der Schweifansatz werden mit Wasser leicht angebürstet, die Augen und Nüstern werden mit einem Schwamm gesäubert. Angebunden werden die Tiere mit einem Strohband, das bei eventuellen Widersetzlichkeiten sofort entzweireißt. Eine derartige Pferdepflege ist aber fast nur in Vollblutgestüten zu beobachten.

In den bäuerlichen Betrieben dagegen setzt die Pferdepflege erst ein, wenn die Tiere für ihren Gebrauchszweck vorbereitet werden.

Der Absetzer braucht einen trockenen, gut gelüfteten Stall, der nicht zu warm sein darf. Damit ein prächtig entwickelter Jährling vorgezeigt werden kann, soll der Absetzer genügend Bewegung in sauerstoffreicher Luft, allerbestes vitaminiertes, mineralisiertes, reichliches Krippenfutter sowie klares, sauberes Trinkwasser und ein gesundes, artenreiches Qualitätsheu bekommen.

Dem Absetzer hat der Züchter im ersten Jahr seine ganze Aufmerksamkeit zu schenken.

Das Bewegen der Fohlen

Wenn ein Fohlen wachsen und gedeihen soll, darf die körperliche Ertüchtigung nicht fehlen.

Dabei erwacht das Temperament und die Fohlen zeigen besonders in ihren Bewegungen jene edlen Formen in höchster Vollendung, die man an ihnen kennt, schätzt und immer wieder bewundert. Stundenlang kann man auf einer Fohlenweide verweilen, um die Tiere zu studieren.

Für die Bewegung der Saugfohlen haben die Halle, der Auslauf und die Weide eine enorme Bedeutung. Mit der Bewegung der Fohlen beginnen die Züchter zu verschiedenen Zeitpunkten.

In großen Gestüten kommen die Saugfohlen erst aus ihrer Box, wenn die Fohlenrosse und der Fohlendurchfall vorüber sind. Die Tiere sind durch den Durchfall doch ein wenig geschwächt, und Bewegung, frische Luft und Sonneneinwirkung wären nochmals eine zusätzliche Belastung für die Saugfohlen, zumal sie in dieser Phase sehr leicht anfällig für Infektionskrankheiten sind.

Die Fohlenstuten werden am Anfang täglich nur 10 Minuten geführt. Unterdessen kann eine zweite Person die Box misten und sie wieder mit frischem Stroh und Heu versehen. Günstig ist es für die Januar- und Februarfohlen, wenn man einen Hallenstutenstall besitzt. Andernfalls erfüllen Reithallen bestens ihren Zweck, Dielen, Tennen und Scheunen genügen auch. Die Temperaturunterschiede vom Stall zur Halle dürfen wegen der Erkältungsgefahr nicht zu groß sein.

Nach und nach kann die Bewegung auf 20 bis 30 Minuten ausgedehnt werden. Die Fohlen lernen dadurch auch ihre Umgebung kennen. Tribünenglasscheiben und Spiegel in Reithallen sollten durch Jalousien geschützt werden.

Die Stuten können auch im ruhigen Schritt an der Longe gehen. Dabei muß der Longenführer sehr aufpassen, daß das Fohlen nicht in die Leine springt. Durch die Bewegung wird die Verdauung angeregt, und eine vermehrte Futteraufnahme setzt ein.

Der Körper des Fohlens wird durch das Laufpensum stark durchblutet, was sich günstig auf den Kreislauf auswirkt.

Ich bin fast geneigt, von einer ›Bewegungstherapie‹ zu sprechen, denn gerade Herz und Lunge können nur durch Beanspruchung zu leistungsfähigen gesunden Organen heranreifen.

Das gleiche gilt für die Muskulatur, das Skelett und für den Sehnen- und Bänderapparat. Der Bewegungsmechanismus sollte so früh wie möglich erprobt, belastet und in Gang gesetzt werden.
Die bei den Neugeborenen oft zu beobachtenden Verlegungen (meistens zu eilig als Stellungsfehler abgeurteilt), Hangbeinigkeiten und gefährlich aussehenden weichen, langen Fesselungen sollten keinesfalls zu großer Beunruhigung führen. Durch die monatelange Beugung der Extremitäten im Mutterleib ist es lediglich zu einer Überdehnung des Streckapparates gekommen (siehe Abbildung).

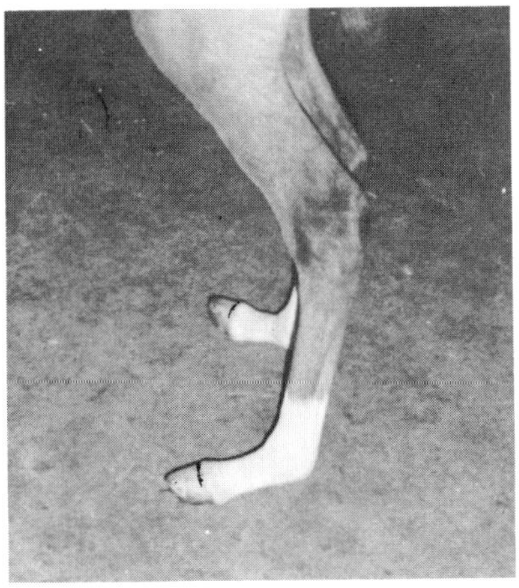

Überdehnung des Streckapparates beim Fohlen einen Tag nach der Geburt.

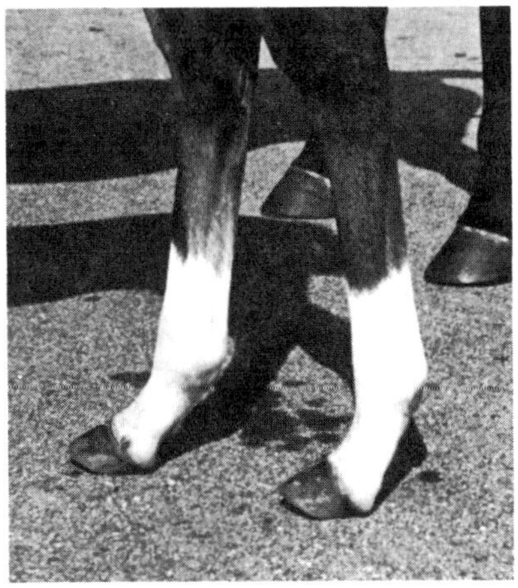

14 Tage später dasselbe Fohlen nach täglicher Bewegung in einer Reithalle.

Hier wird sehr schnell durch die Bewegung eine ganz normale Stellung erreicht.
Eine natürliche Abnutzung der Hufe ist eine weitere positive Begleiterscheinung der ständigen Bewegungen der Fohlen. Jedoch sollten lange Asphaltwege zur Weide gemieden werden (zu starke Abnutzung der Hufe).

Auslauf

Im März/April können als Bewegungsfeld schon die Ausläufe dienen. Der Züchter muß dann die Schönwetterstunden nutzen, die meistens um die Mittagszeit liegen, und die Saugfohlen sich ausspringen lassen.

Wenn die Fohlen in der ersten Zeit jeden zweiten Tag ihrem Temperament freien Lauf lassen können, so ist ihr Allgemeinbefinden sehr zufriedenstellend.
Bevor die Fohlenstuten in den Auslauf gelassen werden, sollte dieser nach großen Steinen, hervorstehenden Nägeln und Unrat abgesucht werden. Landwirtschaftliche Geräte, Anhänger und dergleichen haben in einem Auslauf nichts zu suchen.
Es passiert jährlich eine ungeheure Anzahl von Unfällen, deren Ursachen nur in der Gleichgültigkeit und Unachtsamkeit der Menschen zu finden sind. Wir nehmen gewaltige Opfer auf uns, wenn wir mit den Stuten zu den entlegensten Hengsten ›kutschieren‹, elf Monate die Tragezeit abwarten und uns sogar während der Abfohlzeit nicht vor den Nachtwachen scheuen. Ich meine, man sollte es dann, wenn man ›sein Fohlen‹ endlich hat, an mangelnder Sorgfalt nicht fehlen lassen. Das Eingewöhnen der Fohlen in ihre Umwelt ist eine ›kritische‹ Sache: Da können trotz größter Umsicht und Fachkenntnis die ›tollsten‹ Unfälle passieren.
Die Auslaufzäune müssen aus Holz-Schleten beschaffen und vor allem hoch genug sein, damit sie respekteinflößend sind. Kleine Fohlen sind manchmal wie blind und rasen ›in voller Fahrt durch die Gegend‹, während andere kaum von der Seite ihrer Mutter weichen.
Wenn die Fohlenstuten nun einige Tage im Auslauf geführt worden sind, kann man sie frei laufen lassen, dabei spricht man beruhigend auf die Stute ein.

Weide

Im Mai ist die Vegetation so weit, daß die Tiere auf die Weide können. Der Leitsatz für den Stutenhalter muß sein: Die beste Weide für meine Saugfohlen.
Auch hier muß die Umzäunung möglichst aus Holz-Schleten bestehen (wenigstens die oberste Stange).
Ein Elektrodraht, 5 cm oberhalb der Umzäunung angebracht, hat sich gut bewährt und schützt das Holz vor dem Anfressen durch die Pferde. Einen Stacheldrahtzaun für eine Pferdeweide zu erstellen ist unverantwortlich und muß mit Nachdruck abgelehnt werden. Wie oft allerdings sieht

man heute noch Pferde, die mit einem ›Deutschen Weidebrand‹ (starke Narbenbildung an den Extremitäten) behaftet sind! Häufig handelt es sich bei diesen Tieren um wundervolle Pferde, die durch eine solche ›Zeichnung‹ stark wertgemindert sind.
Da die Fohlenstuten manchmal mehrere Tage im Stall bei bestem Futter gestanden haben, stürmen sie, wenn sie das Koppelheck passiert haben, ›wie die Wilden‹ davon.
Die kleinen Saugfohlen können ihnen kaum folgen. Bis sich die Stuten beruhigt haben, sind die kleinen Kerle in Schweiß gebadet und stehen heftig atmend bei der grasenden Mutter. Eine Erkältung oder sogar eine Lungenentzündung sind nicht selten die Folgen. Es kommt auch vor, daß das Muttertier vor Übermut ausschlägt und dabei das Fohlen trifft.
Um das Losrasen der Stuten auf der Weide zu verhindern, läßt man sie zwei Mahlzeiten aussetzen. Beim morgendlichen Austrieb ist dann die Gierde nach dem jungen Grün stärker als das Bedürfnis, sich freizulaufen.
Sehr temperamentvolle kernige Stuten läßt man vor dem Austrieb ohne Fohlen in den Auslauf. Nach wenigen Minuten haben auch sie ihren ›Dampf‹ abgelassen und man kann sie zusammen mit ihren Fohlen in die Koppel führen.
Nachts sollten die Fohlenstuten jedoch ihre Box beziehen. Auch im Hochsommer kühlt es nachts erheblich ab. Die Fohlen verbrauchen zuviel Wärmekalorien, und der Wuchs geht dabei verloren.
Wenn sich das Fohlen erst einmal an seine neue Umgebung gewöhnt hat, ist die Weide die natürlichste Fläche, auf der es seine Bewegungsmechanismen in uneingeschränkter Weise zur Anwendung bringen kann.

Der Fohlenhuf und seine Pflege

Die Entwicklung vom fünfzehigen ›Eohippus‹ über mehrere Zwischenstadien zum echten Wildpferd und damit zu unserem heutigen Einhufer hat Zeitspannen umfaßt, die kaum vorstellbar sind. Der dabei entstandene natürliche Hornschuh des Pferdes reifte zu einem komplizierten Gebilde heran, das man als ein kleines Wunder der Natur bezeichnen kann. Der Sporen im Kötenbehang, die Kastanie und die Griffelbeine sind heute noch sichtbare Zeichen der rudimentär entwickelten Zehen.

Nicht zu unrecht heißt es: ›Der Huf ist der goldene Teil des Pferdes.‹ Die Gesundheit und Korrektheit der Pferdehufe sind Voraussetzungen für die Lebensdauer, die Gebrauchs- und Leistungsfähigkeit unserer Pferde. Es ist daher in keiner Weise abwegig, den Huf als das Fundament des Pferdekörpers zu bezeichnen.

Der Züchter hat die Aufgabe, das Wachstum der Hufe vom Tage der Geburt des Fohlens an zu beobachten und zu kontrollieren, denn sehr schnell entstehen Abweichungen, die im Alter des Tieres nicht mehr zu beseitigen sind.

Wie oft sieht man herrliche Pferde mit einem Bock- oder einem Zwanghuf, die dem Exterieur nach alles versprechen, aber durch die Unkorrektheit der Hufe stark wertgemindert sind. Leider fehlt nicht nur bei den Pferdehaltern, sondern teilweise auch bei den Züchtern das Verständnis für die Hufpflege und Schmiedearbeiten.

Der Schmiedemeister wird oft nur gerufen, wenn eine Fohlenschau, Stutenschau oder dergleichen bevorsteht. Dann soll er aus den verwahrlosten, ausgefransten Hufen formschöne, gesund aussehende Hufe ›zaubern‹.

Der Huf besteht aus der Saumlederhaut, die die Glasurschicht bildet; aus der Kronenlederhaut, die die Schutzschicht, und aus der Wandlederhaut, die die Plättchenschicht bildet. Die äußere Hufwand wird nach oben durch den Kronenrand abgeschlossen und verläuft sich nach hinten in die Trachten. Über den Trachten sind die Ballen mit der Ballengrube angeordnet. Die gewölbte Sohle wird von dem Tragerand der Hornhaut und dem Strahl begrenzt. Wo der Tragerand umschlägt und in die Sohle verläuft, bilden sich die beiden Eckstreben. Der Strahl besteht aus Weichhorn und ist samt seiner Unterlage, dem Strahlpolster, von hinten zwischen die Eckstrebenwände eingebettet.

Der Strahlkörper teilt sich in zwei Strahlschenkel, die die

mittlere Strahlengrube entstehen lassen. Die seitlich des Strahls verlaufenden Strahlfurchen treffen in der Strahlspitze aufeinander. Das elastische Strahlpolster, die Hufknorpel und das darüberliegende Hufbein bilden das eigentliche Gerüst des Hufes wie auch die Grundlage des Strahls und der Ballen.
Wo sich die Wand- und Sohlenplättchen treffen, entsteht eine weiße Linie. Sie besteht – wie auch der Strahl – aus Weichhorn und zeigt dem Schmied an, wie weit er mit den Hufnägeln gehen darf.
Der Huf hat die Aufgabe, die Zehe zu schützen und stoßmildernd zu wirken.
Das Hufhorn ist ein schlechter Wärmeleiter. Durch die enorme Durchblutung der Huflederhaut und des starken Hornschuhs ist selbst bei strenger winterlicher Kälte der Wärmeschutz des Tieres gewährleistet.
Das erste Beobachten und Beurteilen der Fohlenhufe beginnt für den Züchter gleich nach der Geburt. In den ersten Stunden und Tagen nach der Geburt besteht der Fohlenhuf noch aus Knorpel und dem fötalen Zottenhorn. In diesem Stadium ist der Huf in seinem Kronenrand weiter als in seinem Tragerand. Erst später bildet sich das Hufhorn (Fohlenschuh).
Die Korrektheit und das Wachstum der Fohlenhufe sind von der Bodenbeschaffenheit abhängig, auf der sich das Fohlen in den ersten Lebenswochen bewegt. Je nach Veranlagung wird sich das Wachstum des Hufes von weichem und hartem Untergrund verschieden stark beeinflussen lassen.
Ebenso wie Verlegungen im Mutterleib, also Beinstellungsfehler, den Huf verschieden abnutzen und damit verformen können, so kann dies auch bei einer korrekten Beinstellung und einer ungünstigen geographischen Lage (Hang) der Fall sein.
Der Huf sollte so sauber ›zubereitet‹ sein, daß man ›daraus Kaffee trinken kann‹. Diesen Ausspruch hat man in früherer Zeit den Schmiedegesellen mit auf den Weg gegeben.
Heute noch werden oft die Hufe fälschlicherweise derartig ausgehöhlt, daß nur der äußere Tragerand den Erdboden berührt.
Schon nach der vierten Lebenswoche sollten die Fohlenhufe zum ersten Mal berundet werden und dann – im ständigen

Rhythmus von vier bis sechs Wochen – das ganze Jahr hindurch. Wenn Stellungsfehler vorhanden sind, sollte alle zwei bis drei Wochen ausgewirkt werden.
Die Fohlenhufe sind dann unter ständiger Kontrolle und die Fohlen gewöhnen sich an das Aufheben der Beine ebenso wie an den Menschen.
Der Fohlenhuf ist grundsätzlich nur mit der Raspel zu bearbeiten. Es werden nur die Trachten gekürzt. Der Zehenteil, also der Fohlenschuh, wird weitgehendst geschont, und die Kanten werden gebrochen.
Das Beraspeln der Glasurschicht wird vom Schmied sehr gerne vorgenommen, weil so der Besitzer sieht, daß der Schmied Hand angelegt hat.
Das Aufreißen der Glasurschicht ist zu unterlassen, weil dadurch der Huf austrocknet, spröde und bröcklig wird.
Den berühmten Schnitt mit dem Hufmesser am Strahl – rauf und runter – sollte der Züchter an seinen Fohlenhufen nicht zulassen. Das Hufmesser sollte nur bei losen Strahlfetzen oder an durch Fäulnis zerstörten Teilen eingesetzt werden.
Der Strahl soll sich gesund und kräftig entwickeln, ersoll zum Tragen mit herangezogen werden. Der gut entwickelte Strahl erhält den Hufmechanismus, wirkt über das Strahlpolster massierend auf das Innenleben des Hufes und regt die Durchblutung an.
Nur ein ausgeprägter Strahlkörper läßt den Huf sich in seiner Weite voll entwickeln. Auch an den Eckstreben sollte möglichst wenig geschnitten werden, damit der Huf nicht zusammenfällt und keine zu engen Hufe oder sogar ein Zwanghuf entstehen kann. Normalerweise wächst soviel Horn zu, wie abgenutzt wird.
Bei der Stallhaltung mit einer Matratzenstreu ist jedoch der Hufhornwuchs wesentlich größer als seine natürliche Abnutzung. Dies ist bei unseren Januar-/Februarfohlen der Fall, weil sie wegen der winterlichen Witterung die meiste Zeit ihres jungen Daseins mit dem Boxenaufenthalt vorliebnehmen müssen.
Um hier keine Abweichungen der Hufe aufkommen zu lassen, muß der Züchter ständig kontrollieren oder korrigieren. Man wird immer Unterschiede zwischen den Hufen der Tiere feststellen können. Es wird Fohlen geben, die – trotz ungünstiger Lebenshaltungsbedingungen – in ihren

Hufen und Gliedmaßen korrekt bleiben. Andere wiederum müssen sich häufiger einer Korrektur durch den Schmied unterziehen.
Für eine gesunde, korrekte Hufentwicklung ist es am besten, die Fohlen sowohl auf hartem Boden als auch auf weichem Untergrund laufen zu lassen.
Die Hufpflege bei unseren Fohlen soll die Entwicklung einer normalen Hufform begünstigen. Damit der Huf das größtmögliche Puffervermögen aufbringt, benötigt er eine bestimmte Form, genügend Festigkeit und Elastizität.
Der normale Vorderhuf soll im Verhältnis 1 zu 2 zu 3 und der Hinterhuf im Verhältnis 2 1/2 zu 1 beschaffen sein, das heißt: die Trachtenwand soll zweimal in die Seitenwand und dreimal in die Zehenwand des Hufes hineinpassen.
Der Fohlenhuf braucht eine trockene Unterlage (Streu).
Er wird durch Auskratzen von Steinchen, Dung und Fremdkörpern gesäubert. Hufgeschwüre müssen durch den Schmied freigelegt werden, Strahlfäule kann mit Alkohol, Kupfervitriol oder Holzteer sehr erfolgreich behandelt werden. Hufspalte und Wundrisse werden durch das Raspeln einer Querrinne gestoppt. Das Fetten der Hufe geschehe nur mit säurefreiem Fett (Lorbeer).
Es ist unmöglich, in diesen Ausführungen auf alle Stellungsfehler sowie Hufkrankheiten einzugehen. Von den Stellungsfehlern wie ›bodeneng und bodenweit, zeheneng und zehenweit, kuhhessig, Faßbeinigkeit, Stelzfuß, Tellerhuf, bärentatzig, Rollhuf, weiter Huf und enger Huf (Zwanghuf), Bockhuf, Hufgeschwüren, Hornsäule, Nageltritt, Huftritt, Krebs, Strahlfäule, hohle Wand, Hufspalt, Hufrehe, Windrissen, Kronentritt, Hufknorpelentzündung‹ usw. sei daher nur dem Fohlenbockhuf eine größere Aufmerksamkeit im Rahmen dieser Zeilen geschenkt.

Fohlenbockhuf

Beim Fohlenbockhuf spricht man oft von Vererbung. Er ist aber eine erworbene Eigenschaft, die durch Vernachlässigung der Hufpflege entsteht. Es gibt lediglich eine Anlage von Empfindlichkeit im Bereich des Strahls und der Trachten, die vererbt werden kann, aber nicht der Bockhuf selbst. Wäre der Fohlenbockhuf erblich, könnte er nicht durch Korrektur beseitigt werden.
Bei der Entstehung des Bockhufes kann man vermehrte Empfindlichkeit im Trachten-, Ballen- und Strahlbereich beobachten; es kommt sogar zu leichten Lahmheiten.
Die Fohlen zeigen keinen Trab mehr; sie gehen klamm und treten nicht zu. Sie werden versuchen, auf der Zehe Entlastung zu finden. Sogar beim Fressen auf der Weide wird das schmerzende Bein abgeknickt. Es entsteht automatisch eine Verkürzung der Beugesehne und eine vermehrte Dehnung der Strecksehne.
Durch das Fußen auf dem Zehenteil hängt der Strahl in der Luft, und der hintere Hufabschnitt, also Strahl und Trachten, wird zu wenig durchblutet. Der Hufmechanismus verringert sich ständig, und der Fohlenhuf bleibt in seiner Entwicklung zurück. Die Zehen werden vermehrt abgenutzt, die Trachten wachsen zu stark nach, und somit ist der Bockhuf entstanden.
Der Sehnen- und Bänderapparat ist in früher Jugend unglaublich dehnbar. Deshalb ist ein zeitiges Erkennen einer Bockhufbildung ausschlaggebend für den Erfolg der Behandlung. Reicht das absolute Schonen der Zehe und das radikale Kürzen der Trachten nicht mehr aus, so sollte ein Dreinageleisen aufgeschlagen werden. Dieses Eisen, in der Literatur und in der Praxis als ›Halbmondeisen‹ bezeichnet, wird meistens mit zu langen Schenkeln geschmiedet, darf aber nur ganz winzig sein und wirklich nur den Zehenteil schützen (drei Nägel). Die Schenkel müssen dünn ausgeschmiedet sein, so daß die Trachten ständig mit der Raspel gekürzt werden können. Ein geschickter Schmied kann schon bei vierwöchigen Fohlen ein ›Dreinageleisen‹ unterbringen.
Der Kernpunkt aller Maßnahmen am Fohlenhuf ist das Regulieren der Trachten auf eine möglichst gleiche Länge.
Die Vorführfläche für die Beurteilung der Fohlenhufe soll

gerade sein. Die Stallgasse oder ein asphaltierter Hof eignen sich dazu vorzüglich.
Zur Beurteilung bei Lahmheiten muß auch das Vorführen auf einer weichen Unterlage oder Vorführbahn mit herangezogen werden.
Die Beurteilung der Fohlenhufe im Stand und im Schritt von vorn und von hinten ergibt wichtige Schlüsse. Für einen geübten Züchter oder Schmied ist es unschwer zu erkennen, welche Trachte um wieviel kürzer ist. Prof. Dr. F. Zschocke trug 1968 in Gießen bei den wissenschaftlichen Vorträgen des Direktoriums für Vollblutzucht und Rennen über das Kürzen der Fohlenhufe folgendes vor:
»Bei ungleich langen Trachten ist die längere soweit als möglich zu kürzen. Um wieviel gekürzt werden kann, hängt von der Menge des am Zehenteil des Hufes vorhandenen Hornes ab: Am Ende der Korrektur muß eine ebene Tragfläche vorhanden sein.
Ist am Zehenteil wenig Horn wegzunehmen, so muß die Korrektur der Trachtenlängen entweder auf mehrere Monate verteilt oder durch Auflegen eines Hufeisens und Zwischenlegen eines Lederkeiles auf die zu kurze Tracht ersetzt werden.
Ist ein Zehenteil des Hufes zu stark abgenutzt, so wird er durch ein kurzes halbmondförmiges Hufeisen vor weiterer Abnützung geschützt, die Trachten können in diesem Fall fast immer auf gleiche Länge gebracht werden.«
Zschocke führte weiter aus: »Was mit dem Huf beim Zubereiten zu geschehen hat, können wir nur am Huf allein ablesen. Im allgemeinen gilt: Kürze den Zehenteil und die zu lange Tracht und Seite, schone die zu kurze Tracht, schone außerdem den Strahl und die Hufsohle. Wenn nach diesem Grundsatz verfahren wird, sind fast alle im Laufe vieler Jahrzehnte erfundenen Sonderhufeisen überflüssig und ebenso die gegen das Streichen angewandten Hilfsmittel. Richtiges Kürzen des Hufes schließt fast sicher das Streichen aus, denn Trachtenlängenverhältnis und Schenkelführung sind eng voneinander abhängig.
Bleibt die innere Tracht dauernd zu kurz, so stellt sich die Trachtenwand zunächst steiler, später staucht sie sich noch, um schließlich zum einseitigen Trachtenzwanghuf zu werden. Auch in diesen Fällen kann nur durch richtiges Kürzen des Hufes, nicht aber durch irgendwelche Sonder-

hufeisen und sonstige Maßnahmen Besserung erreicht werden. Es muß das statische Gleichgewicht im Huf wiederhergestellt werden. Dazu ist es nötig, sich darüber klar zu sein, daß eingezogene (Zwanghuf) und hochgestauchte Wandabschnitte immer zu kurz sind und geschont werden müssen, ganz gleichgültig, ob der Kronenrand der hochgestauchten Wand mehr oder weniger höher liegt als der korrespondierende. Wenn es gelingt, das statische Gleichgewicht im Huf wiederherzustellen, dann wandeln sich die Formveränderungen der Hornkapsel ohne besondere sonstige Maßnahmen zur Norm zurück.

Grundbedingungen für Höchstleistungen sind außer Herz und Lunge gesunde Hufe.

Wie sie geschaffen und erhalten werden können, ist im Vorstehenden ausgeführt worden.

Wichtig ist, daß schon das Fohlen auf Hufe gestellt wird, die der regelmäßigen Form möglichst nahe kommen und damit die Voraussetzung für hohe Leistungsfähigkeit schaffen; das aber ist nur durch richtige Hufpflege zu erreichen.«

Die Fohlenbeurteilung

Das Beurteilen von Tieren nach ihrer äußeren Erscheinung, um aus dem Ergebnis Rückschlüsse auf ihre Leistung und ihren Wert zu ziehen, ist sehr alt.
Besonders trifft das für die Pferdebeurteilung zu, weil gerade beim Pferd der Zucht- bzw. Gebrauchswert weitgehend vom anatomischen Körperbau abhängt. Pferde nach ihrem Körperbau richtig zu beurteilen ist nicht leicht.
Beim Pferd ist die Wandlungsfähigkeit von der Geburt bis zum erwachsenen Tier unglaublich ausgeprägt.
Durch Übung und vor allem durch den Umgang mit Pferden selbst erlangt der Züchter die Grundbegriffe der Beurteilungslehre. Ein großer Pferdefreund muß nicht immer ein Pferdekenner sein.
Die Kenntnis des Skelettbaues ist erste Voraussetzung für sachgemäße Beurteilung der Zucht- und Gebrauchstiere.
Das Skelett bedingt nicht allein die absolute Größe des Körpers und das gegenseitige Größenverhältnis seiner einzelnen Teile, sondern es ist auch vielfältig für Proportionen und Harmonie im Gesamtkörperbau mitbestimmend und maßgeblich. Für sich betrachtet können die einzelnen Partien des Körpers ganz korrekt erscheinen, wenn das Pferd im Ganzen auch fehlerhaft und der Gebrauchswert infolge seiner mangelhaften Proportionen gemindert ist.
Allerdings ist ein korrekter Körperbau noch nicht die alleinige Garantie für die Brauchbarkeit des Pferdes. Es muß darüber hinaus ein bestimmtes Maß an Energie und Nerv besitzen. Es gibt den vielzitierten Satz: ›Ein gutes Gebrauchsmaterial muß nicht immer ein gutes Zuchtmaterial sein, aber ein gutes Zuchtmaterial ist immer ein gutes Gebrauchsmaterial.‹ Auch spielt bei der Beurteilung heutzutage der Begriff der Schönheit eine große Rolle. Die ›Schönheit‹ hängt allerdings vom jeweiligen Geschmack ab und ist wechselhaft wie die Mode. Doch können auch ausgesprochen fehlerhafte Pferde gute Leistungen hervorbringen, wie wir es von manchen bekannten Turnierpferden wissen. Diese Tatsache erschwert die Beurteilung und bringt die wertvolle Erkenntnis, daß wir uns nicht dazu verleiten lassen dürfen, nur nach Fehlern zu suchen.
Ein Pferd ohne Mängel, also das Idealpferd, gibt es nicht und wird es auch nie geben. Wohl trifft man immer wieder auf Pferde, die dem Idealpferd nahekommen, aber auch dann wird es Meinungsverschiedenheiten unter den Exper-

ten geben. Die Hengstkörungen in jedem Jahr sind ein anschauliches Beispiel dafür.
Erfolgreiche Pferdebeurteilung verlangt daher keine Fehlergucker, sondern Fehlerkenner, die abschätzen können, wie weit Exterieurmängel die Leistungsfähigkeit des Tieres herabdrücken oder wieweit diese andererseits durch besondere Vorzüge ausgeglichen oder aufgewogen werden.
Die Pferdebeurteiler sollten zunächst die Gesamterscheinung betrachten und dann die einzelnen Körperpartien gegeneinander abwägen, jedoch immer den Verwendungszweck im Auge behalten.
Extreme Exterieurfehler des weiblichen Tieres darf man auf gar keinen Fall mit einem Fehler des männlichen Tieres auszugleichen versuchen (z. B. Rückbiegigkeit mit Vorbiegigkeit). Der Züchter muß bestrebt sein zum Beheben des Fehlers bei der Anpaarung ein Tier auszuwählen, das in den Schadensbereichen besonders korrekt und nahezu vollkommen ausgebildet ist.
Während man beim erwachsenen Pferd die Maße (Röhrbein–Brustumfang–Größe), das Gewicht, das Exterieur, den Gang (Schritt, Trab, Galopp), den Schwung und den Typ zur Beurteilung heranzieht, ist der Züchter bei der Fohlenbeurteilung ausschließlich auf den Körperbau angewiesen.
In weiser Voraussicht sollte der Züchter bei der Fohlenbeurteilung immer Überraschungen und Enttäuschungen mit einkalkulieren.
Die Beurteilung gleich nach der Geburt ergibt für den Pferdekenner die wichtigsten Schlüsse. Später kommen Ablenkungen wie die Muskulatur, das Fohlenhaar und das Allgemeinbefinden hinzu, die die exakte Beurteilung erschweren.
Dem Züchter bleibt von der Geburt an eine Zeitspanne von sieben bis acht Tagen, in der er sich zu entscheiden hat, ob er mit seiner Stute den Hengst wechselt oder nicht.
Die Körperteile, die Proportionen und der gesamte Körperbau müssen bei einem Fohlen anders beurteilt werden als bei einem erwachsenen Pferd.
Die Proportionen haben völlig andere Verhältnisse. Wichtig ist für den Aufzüchter, sich zu entscheiden, ob er das gefallene Fohlen in die Rubrik Zuchtstute, Reitpferd oder Hengstanwärter einstuft. Dementsprechend wird auch die Aufzucht mehr oder weniger aufwendig betrieben.

Die meisten Fohlen kommen verbaut und unproportioniert zur Welt. Die fachlich korrekte Beurteilung erfordert viel Erfahrung.

Der Züchter muß unterscheiden zwischen bleibenden Fehlern und solchen, die sich auswachsen. Die Fohlen erscheinen dem Beschauer langbeinig, schmal, überbaut und im ganzen zu kurz. Die Hochbeinigkeit kommt deshalb zustande, weil das Längenwachstum der Röhrenknochen nahezu abgeschlossen ist. Also läßt ein langer Vorder- und Hintermittelfußknochen immer auf ein bestimmtes Größenwachstum schließen. Auch lange Hinterbeine lassen erkennen, daß das Fohlen ›Größe‹ mitbringen wird. Ein Fohlen, das infolge von Langbeinigkeit und überbauter Stellung lange unfertig aussieht und im Fohlentyp bleibt, hat alle Voraussetzungen, groß zu werden. Dagegen wird ein Fohlen, dessen Proportionen von Anfang an stimmen (d. h. es besteht völlige Harmonie zwischen Vor-, Mittel- und Hinterhand), trotz exakter Aufzucht Schwierigkeiten mit der Größe haben. Man spricht vom kurzen, abgedrehten, geschlossenen und fertigen Pferd, dessen Wachstumsentwicklung frühzeitig endet (Pummeltyp). Wenn das Mittelstück zu lang geraten ist, kann das Pferd später als brettig und hüftig bezeichnet werden. Diese Typen sind schwerfuttrig. Der Fachmann sagt: ›Es hat eine Rippe zuviel.‹

Der Widerrist ist mit seinen Dornfortsätzen fast gänzlich zwischen den Schulterblättern verschwunden. Die anfangs lose Aufhängung des Rumpfes zwischen den Schulterblättern wird sich später straffen und nach und nach den Widerrist erscheinen lassen.

Die Flachrippigkeit verwächst sich kaum, der Züchter kann hier mit besonders sorgfältiger Fütterung eine Besserung erreichen.

Auch Fehler wie angedrückte Ellenbogen, Rückbiegigkeit, schwache Vorderfußwurzeln, steiles Hinterbein, kurze steile Fesselung, schwache Sprunggelenke, schlechte Einschienung, kurze Halsung und zarte Röhre sind bleibend.

Nur der Züchter, der wirklich selbstkritisch ist, wird mit der Auswertung seiner Beurteilung etwas anzufangen wissen.

Der Züchter kann den Typ sehr schnell erkennen. Er wird bis zum erwachsenen Pferd seine Gültigkeit behalten.

Hangbeinigkeit in den Vordergliedmaßen der Fohlen und lange weiche Fesseln sind kein Grund zur Beunruhigung.

Hier ist die tägliche Bewegung die beste Therapie für das Fohlen.
Bei Säbelbeinigkeit, Faßbeinigkeit und beim Senkrücken treten Besserungen ein. Die bodenenge und bodenweite Stellung der Gliedmaßen sowie z. B. eine Hasenhacke sind bleibende Mängel. Dagegen kann bei der zehenengen und -weiten Stellung der Extremitäten durchschlagend völlige Besserung erreicht werden (Fixieren mit flüssigem Kunststoff, Bewegung, Schmied).
Der Kopf des Fohlens ist ebenfalls recht wandlungsfähig. Sehr edle Fohlen (Araber, Trakehner, Vollblüter) haben oft eine riesige Beulenstirn. Es werden die formschönen Hechtköpfe daraus.
Grobe Köpfe, die anfangs unförmig, klobig und viel zu groß erscheinen, sind später beim ausgewachsenen Pferd recht passend.
Die Ohren (klein, groß oder breit angesetzt) sowie ein kleines Auge wachsen nicht aus, sondern sind bleibende Merkmale.
Die Beurteilung des Ganges bzw. der Bewegung kann nicht so früh erfolgen. Wohl kann festgestellt werden, ob das Fohlen statisch gerade auf seinem Bewegungsapparat steht. Den Schritt, Trab und Galopp richtig zu beurteilen wird wohl nur nach und nach geschehen können. Man sollte nicht leichtfertig etwas hinplaudern, sondern sich ernste Gedanken machen und sich wirklich Mühe geben. Wie heißt es so schön: ›Ein gesprochenes Wort wird von keinem galoppierenden Pferd mehr eingeholt.‹
Das Bestimmen von Farbe und Abzeichen bei einem jungen Fohlen ist nicht immer einfach. Der Züchter sollte den Absetzer und später noch einmal den Jährling betrachten, ob seine Farbangaben, die er in den ersten Tagen nach der Geburt gemacht hat, noch ihre Gültigkeit besitzen. Ein gutes Pferd hat keine Farbe, so daß der Züchter sein Fohlen nach der Qualität beurteilen sollte und nicht nach der Farbe, obwohl in einigen Fällen die Farbe für die Rassenreinheit ein prägnantes Merkmal darstellt. Die Farbe spielt aber gerade heute wieder eine nicht zu unterschätzende Rolle. Ja, man kann sogar die Beobachtung machen, daß sie ausschlaggebend sein kann. Glücklicherweise sind die Geschmäcker verschieden, und die Züchter, die für bestimmte Farben plädieren, halten sich die Waage.

Das schwerwiegendste Argument dürften in diesem Zusammenhang wohl die Reiter anführen. Denn wer sich einmal mit dem Leistungssport beschäftigt hat, muß sich eingestehen: Mit der Farbe läuft kein Pferd.

Die Rappen werden mausgrau geboren, die Schimmel können als Füchse, als Braune und als Rappen geboren werden. Helle Füchse werden später oft dunkel, Rappen entpuppen sich als Dunkelbraune oder Schwarzbraune. Weiß geborene Schimmel sind eine Seltenheit.

Der Züchter kann oft schon nach einem Produkt seiner Stute erkennen, ob sie gemischterbig ist oder reinerbig sein kann.

Die Beurteilung der Fohlen wird dem Kenner sehr erleichtert, wenn er mehrere Produkte der Mutterstute kennt oder sogar aufgezogen hat. Noch günstiger ist das Beurteilen des Fohlens, wenn die aufgezogenen Produkte von ein und demselben Hengst stammen.

Das angeborene gute Auge des Züchters, sowie die genaue Kenntnis des Körperbaus, sind Voraussetzungen für eine fachgerechte Beurteilung der Fohlen, soweit sie aus dem Exterieur ersichtlich ist.

Die jungen Pferdezüchter sollten ihre Beurteilungsfähigkeit ständig schulen und überprüfen. Dazu bieten sich ihnen die alljährlichen Körungen und Schauen förmlich an, auf denen sie ihr eigenes Urteil mit dem der Prämierungskommission vergleichen können.

Hygiene in der Vollblutzucht

Das Direktorium für Vollblutzucht und Rennen in Köln, Rennbahnstraße 100, ist der Verwaltungsapparat über sämtliche in Westdeutschland eingetragenen Galopprennställe und Vollblutgestüte.
Diese Dachorganisation mit ihrem Vorsitzenden Schmidt-Pauli hat 1970 in einer Neuauflage die Richtlinien der ›Hygiene in der Vollblutzucht‹ festgesetzt.
Diese kurze und prägnant verfaßte Schrift soll dem Beschäftigten in der Vollblutzucht das nötige Fachwissen vermitteln, damit er sich erfolgreich einsetzen kann. Dem Direktorium in Köln ist die zugewachsene Aufgabe als Wegbereiter für die umfangreiche westdeutsche Pferdezucht kaum abzusprechen.
Um die langzeitig erworbenen Erkenntnisse des Direktoriums mit auszuwerten, wird eine Anlehnung der übrigen Landespferdezuchten spürbar. Ich denke da an die Fruchtbarkeitsüberwachung der Stuten, an die jährlichen Herbstuntersuchungen der Stuten und an die Tupferproben, die man bis vor kurzer Zeit in der Landespferdezucht überhaupt nicht kannte.
Das Direktorium für Vollblutzucht und Rennen war stets bemüht, sein Personal zu schulen, und es ist bis heute die einzige Organisation dieser Art geblieben, die dem berufenen Pferdemann die Ablegung der Gestütsmeisterprüfung ermöglicht.
Das Direktorium hat ständig unter größter Opferbereitschaft die wissenschaftliche Forschung in der Veterinärmedizin unterstützt. Von dem erarbeiteten Wissen profitiert heute die gesamte Pferdezucht in der Bundesrepublik. Überhaupt ist die Vollblutzucht mit ihrem Leistungssystem (Rennen) noch zu keiner Zeit ihrer Aufgabe so gerecht geworden wie gerade im Augenblick. Ich meine damit die Zur-Verfügung-Stellung brauchbarer Vollbluthengste für die Landespferdezucht, um deren vielbesagte Eigenschaften wie Nerv, Adel, Härte, Ausdauer, Fruchtbarkeit und Langlebigkeit sinnvoll unterzubringen.
Ich möchte an dieser Stelle dem Direktorium meinen Dank sagen, daß es mir gestattet hat, im Folgenden umfangreiche Auszüge aus der ›Hygiene in der Vollblutzucht‹ abzudrucken.

1. Einführung

In der Vollblutzucht versammeln sich während der vom 15. Februar bis 15. Juni dauernden Decksaison alljährlich sämtliche in der Zucht verwendeten Stuten zur Bedeckung in den Hengstgestüten. Sie kommen aus allen Vollblutgestüten in der Bundesrepublik und von Einzelzüchtern, bisweilen auch aus dem Ausland. Nachdem die Stuten nachweisbar tragend geworden sind, spätestens jedoch nach Beendigung der Decksaison, verlassen sie die Hengstgestüte wieder und gehen in ihre Heimatgestüte zurück, wo sie zumeist mit Stuten zusammentreffen, die aus anderen, ausländischen, Hengstgestüten zurückgekehrt sind.

Dieses periodisch stattfindende Durcheinanderwürfeln großer Teile der Zuchtbestände schafft die gefährlichen Voraussetzungen für die Verbreitung ansteckender Krankheiten. Diese Situation wird erheblich noch dadurch verschärft, daß die meisten tragenden Stuten in den Hengstgestüten abfohlen. Hochtragende Stuten und junge Fohlen sind aber empfindlich gegenüber jedweder schädlichen Einwirkung und besonders empfänglich für Ansteckungen. Bei Verfohlungen und der Geburt lebensschwacher Fohlen können aus den erkrankten Stuten große Mengen von Infektionsstoffen in die Außenwelt gelangen, durch die dann alle übrigen im Gestüt stehenden Stuten der Gefahr der Ansteckung ausgesetzt werden. Darüber hinaus können in die Hengstgestüte auch Krankheiten eingeschleppt werden, die über die Hengste durch den Deckakt auf andere Stuten übertragen werden.

All diese sich aus der Eigenart der Vollblutzucht ergebenden Gefahren lassen sich nur durch sorgfältige hygienische Vorkehrungen und reibungslose Zusammenarbeit verhindern. Auf Grund der bestehenden inneren Verflechtung der gesamten Vollblutzucht *kann die Seuchenabwehr niemals die Sache eines einzelnen Gestütes oder Stutenbesitzers sein, sondern muß durch gemeinsame gleichgerichtete Anstrengungen der gesamten Vollblutzucht gemeistert werden.*

In diesem Sinne hat sich die bereits in der zweiten Hälfte der dreißiger Jahre für die Vollblutzucht geschaffene und fortlaufend verbesserte Organisation zur Fruchtbarkeitsüberwachung bestens bewährt. Sie schließt Züchter, Gestütstierärzte, fachwissenschaftliche Sachverständige und wissenschaftliche Untersuchungsinstitute zu einer arbeitsfähigen und stets handlungsbereiten Organisation zusammen.

Die Durchführung läßt sich in eine laufende Überwachung während der Paarungssaison und die sogenannte Herbstuntersuchung gliedern. Die laufende Überwachung während der Paarungssaison wird vor allem von den örtlichen Gestütstierärzten ausgeführt. Die Herbstuntersuchung, die das zentrale Ereignis des Verfahrens darstellt und in deren Verlauf das gesamte Zuchtmaterial im Hinblick auf die kommende Paarungssaison beurteilt wird, liegt in der Hand der Sachverständigen. Durch diese systematische Überwachung wird dem Entstehen ansteckender Krankheiten vorgebeugt. Dennoch auftretende Infektionskrankheiten können durch schnelle und sachgemäße Maßnahmen auf ihren Herd beschränkt und dann getilgt werden.
Im Interesse der Gesunderhaltung der Vollblutzucht trägt das Direktorium die Kosten für die in jedem Herbst durch die fachwissenschaftlichen Sachverständigen vorzunehmenden Untersuchungen zur Begutachtung aller in der Vollblutzucht verwendeten Deckhengste und Stuten. Außerdem bezahlt es die Kosten für die in den Vertragsinstituten durchgeführten Untersuchungen, soweit das Untersuchungsmaterial durch Tierärzte und nach den dafür bestehenden Bestimmungen eingesandt wird.
Voraussetzung für den Erfolg dieser Organisation sind die Mitarbeit aller in der Zucht Tätigen sowie volle Offenheit und kein Verschweigen etwa auftretender Krankheitsfälle.

2. Fruchtbarkeitsüberwachung

a) Allgemeines

1. Auf Beschluß der Zuchtkommission wird die Herbstuntersuchung der Zuchtstuten und Zuchthengste nach folgenden Richtlinien einheitlich vorgenommen:
Die Durchführung liegt in Nordrhein-Westfalen, Niedersachsen und Schleswig-Holstein in den Händen eines Sachverständigen an der Tierärztlichen Hochschule Hannover, in Hessen, Baden, Rheinland-Pfalz und Saarland in den Händen eines Sachverständigen an der Veterinärmedizinischen Fakultät Gießen, in Bayern und Württemberg in denen eines Sachverständigen an der Veterinärmedizinischen Fakultät München.
Für das Direktorium sind folgende Untersuchungsinstitute tätig:
Für Nordrhein-Westfalen, Niedersachsen und Schleswig-Holstein
Institut für Mikrobiologie und Tierseuchen der Tierärztlichen Hochschule, 3 Hannover, Bischofsholer Damm 15.
Für Hessen, Baden, Rheinland-Pfalz und Saarland
Institut für Hygiene und Infektionskrankheiten der Tiere der Universität, 63 Gießen, Frankfurter Straße 89.
Für Bayern und Württemberg
Institut für Mikrobiologie und Infektionskrankheiten der Tiere der Universität, 8 München 22, Veterinärstraße 13.
2. Die Untersuchungen erstrecken sich auf alle in der Vollblutzucht des Bundesgebietes verwendeten Hengste und Stuten und finden jeweils im September und Oktober statt.
Der ungefähre Zeitpunkt des Eintreffens des zuständigen Sachverständigen wird den Gestüten bzw. den Besitzern der Stuten und den Tierärzten nach Möglichkeit rechtzeitig mitgeteilt.
Die Gestüte werden gebeten, ihre Gestütstierärzte außerdem von dem bevorstehenden Besuch des fachwissenschaftlichen Sachverständigen zu unterrichten mit dem Ziel, die Anwesenheit und gegebenenfalls Mitwirkung der betreffenden Tierärzte an diesen Untersuchungen sicherzustellen.

b) Stuten

3. Die gedeckten Stuten sind nach dem dritten Trächtigkeitsmonat durch die in den Gestüten tätigen Tierärzte nochmals hormonal oder klinisch auf Trächtigkeit untersuchen zu lassen. Die von den betreffenden Tierärzten schriftlich niederzulegenden Befunde sind den Sachverständigen bei der Herbstuntersuchung vorzulegen. Ist die Untersuchung unterblieben oder liegt kein Zeugnis vor, so wird sie durch den zuständigen Sachverständigen nachgeholt.

4. Die Gestütsleiter oder Stutenbesitzer haben für die Untersuchungen Vorberichte über jede Stute des Bestandes mit folgenden Angaben bereitzuhalten:

Name, Alter, Zeitpunkt und Ausgang der letzten Trächtigkeit (normale Geburt, Verfohlung, Zurückhaltung der Nachgeburt). Verbleib des Fohlens (lebt, falls eingegangen: Zeitpunkt und vermutliche oder festgestellte Ursache angeben). Von welchem Hengst wurde die Stute in der letzten Decksaison gedeckt? Ergebnis der Trächtigkeitsuntersuchungen. Bei güsten Stuten ist Mitteilung der bereits durchgeführten Untersuchungen und Behandlungen erforderlich.

5. Zuchtstuten, insbesondere die güst gebliebenen, werden auf ihre Geschlechtsgesundheit untersucht. Auf Grund der Untersuchungsergebnisse erfolgt die Beurteilung der Fruchtbarkeitsaussichten:

Gruppe I: Tragende Stuten und Maidenstuten ohne klinische oder bakteriologische Bedenken: 70–100% Fruchtbarkeitsaussicht.

Gruppe II: Stuten ohne klinische oder bakteriologische Bedenken, die 1 Jahr güst geblieben sind: 50–70% Fruchtbarkeitsaussicht.

Gruppe III: Stuten ohne klinische oder bakteriologische Bedenken, die mehr als 1 Jahr güst sind, sowie Stuten der Gruppe IV bzw. V nach Abheilung: 25–50% Fruchtbarkeitsaussicht.

Gruppe IV: Stuten, die klinisch Krankheitserscheinungen zeigen oder bakteriologisch bedenklich sind: 0–25% Fruchtbarkeitsaussicht.

Gruppe V: Stuten, die wegen erheblicher klinischer Krankheitserscheinungen oder aus anderen Gründen (z. B. Überalterung) keine Aussicht auf Wiederherstellung mehr bieten: fast 0% Fruchtbarkeitsaussicht.

Diese Befunde werden auf der Untersuchungskarte (U-Karte), die der jeweilige regionale Sachverständige führt, eingetragen. Zu den Vollbluthengsten dürfen nur solche Stuten zugelassen werden, die von den Sachverständigen untersucht, mit genügender Wahrscheinlichkeit als zuchttauglich befunden und in die Fruchtbarkeitsgruppen I, II oder III eingestuft worden sind. Stuten der Gruppe III sind zu Beginn der Paarungssaison noch einer Kontrolluntersuchung zu unterziehen. Bei Stuten der Gruppen IV und V ist im Falle ihrer Wiederherstellung unter Vorlage eines tierärztlichen Gutachtens und der U-Karte ihre Neueinstufung bei dem zuständigen Sachverständigen zu beantragen.

6. Maidenstuten sind einer einfachen klinischen Untersuchung zu unterziehen. In Verdachtsfällen ist eine eingehende klinische Untersuchung mit Tupferentnahme vorzunehmen.

7. Stuten, die verfohlt haben, die sich als nicht tragend erweisen oder güste Stuten, denen eine Kontrolluntersuchung zur Auflage gemacht wurde, sind vor der Bedeckung durch tierärztliche Untersuchung klinisch und bakteriologisch zu prüfen.

Mehr als zweimal umrossende Stuten sind durch die Gestütstierärzte klinisch und bakteriologisch zu untersuchen. *Die Tupferentnahme zur bakteriologischen Untersuchung darf frühestens am 1. Tage der Fohlenrosse, aber nicht vor dem 9. Tage nach der Geburt, und frühestens am 9. Tage nach der letzten Bedeckung erfolgen.*

8. Den Einsendungen zu bakteriologischen Untersuchungen sind Begleitberichte auf Formblättern beizufügen, die in Blocks vom Direktorium kostenlos bezogen werden können.

9. Die Gestüte sind verpflichtet, bei Nachweis des ansteckenden Verfohlens und bei krankhaften Erscheinungen beim Hengste unverzüglich den Gestütstierarzt und unter Benachrichtigung des Direktoriums den zuständigen fachwissenschaftlichen Sachverständigen hinzuzuziehen.

Bei häufigem Umrossen wird es in das Ermessen des Tierarztes gestellt, ob unter Benachrichtigung des Direktoriums der zuständige fachwissenschaftliche Sachverständige hinzuzuziehen ist.

10. Ausländische, von deutschen Hengsten zu bedeckende sowie beim Direktorium nicht geführte inländische Stuten unterliegen den gleichen Vorschriften.

c) Hengste

11. Für jeden Hengst ist ein Deckbuch zu führen, in das die täglichen Sprünge mit den jeweils gepaarten Stuten genau der Reihenfolge nach einzutragen sind.
12. Bei den Herbstuntersuchungen ist für jeden Deckhengst eine Liste der von ihm gedeckten Stuten mit Angabe von den gegenwärtigen Standorten und ihren Besitzern bereitzuhalten.
Aus der Liste muß hervorgehen, welche Stuten für tragend und welche für nichttragend gehalten werden.
13. Die Fruchtbarkeit der Zuchthengste ist zu prüfen:
a) auf Grund der Ermittlung des Befruchtungsergebnisses,
b) durch äußere Untersuchungen der Geschlechtsorgane.
14. Darüber hinaus sollten alle Hengste, außer der klinischen Untersuchung, auch einer Samenprüfung unterzogen werden:
a) die nach Abzug der güst gebliebenen schwierigen Stuten eine Befruchtungsziffer von 70% nicht erreicht haben,
b) die ungeachtet des erreichten Befruchtungshundertsatzes bei der äußeren Untersuchung an den Geschlechtsorganen tastbare Veränderungen aufweisen,
c) die sich dadurch verdächtig machen, daß von ihnen gedeckte Stuten der Fruchtbarkeitsklasse I und II güst bleiben und im Cervixtupfer krankmachende Keime haben.
15. Von jedem Hengst ist etwa vier Wochen vor Beginn der Decksaison eine Vorsekretprobe zu entnehmen und in einem der Vertragsinstitute bakteriologisch untersuchen zu lassen.
Bei bestehender Infektionsgefährdung sind im Laufe der Decksaison diese Untersuchungen zu wiederholen.
16. Den Hengstgestüten wird dringend empfohlen, vor Ankäufen und Neueinstellungen von Deckhengsten eine Untersuchung auf geschlechtliche Zuchttauglichkeit, möglichst mit Einschluß der Samenuntersuchung, durchführen zu lassen. Solche Untersuchungen können durch den Gestütstierarzt oder gelegentlich der Herbstuntersuchungen, nach vorheriger Anmeldung, durch die zuständigen fachwissenschaftlichen Sachverständigen vorgenommen werden.
17. Für Hengste, die auf Grund ihres Krankheitszustandes die Übertragung von Infektionskeimen durch den Sprung befürchten lassen, ist durch das Direktorium die Verhängung einer Decksperre zu beantragen.

Nach Beendigung der Gefahr beantragt es die Aufhebung der Decksperre.

18. Hengste, die mehr als fünf Stuten gedeckt haben, werden in Fruchtbarkeitsklassen eingestuft:

Fruchtbarkeitsklasse I: Wenn die Befruchtungsziffer der anzurechnenden Stuten 70% und darüber beträgt und weder die Geschlechtsorgane noch der Samen Anlaß zu Bedenken geben.

Fruchtbarkeitsklasse II: Wenn die Befruchtungsziffer der anzurechnenden Stuten zwischen 50 und 70% liegt und weder die Geschlechtsorgane noch der Samen Anlaß zu Bedenken geben.

Fruchtbarkeitsklasse III: Wenn die Befruchtungsziffer der anzurechnenden Stuten unter 50% liegt und weder die Geschlechtsorgane noch der Samen Anlaß zu Bedenken geben.

Fruchtbarkeitsklasse IV: Wenn die Befruchtungsziffer der anzurechnenden Stuten unter 50% liegt und der Zustand der Geschlechtsorgane und/oder des Samens Anlaß zu Beanstandungen gibt.

Fruchtbarkeitsklasse V: Wenn die Befruchtungsziffer unter 25% liegt oder wenn selbst bei noch befriedigender Befruchtungsziffer – unabhängig von der Zahl gedeckter Stuten – erhebliche Bedenken hinsichtlich des Zustandes der Geschlechtsorgane und/oder des Samens bestehen, beziehungsweise eine Infektionsgefahr mit krankmachenden Keimen besteht.

d) Kosten

19. Die Untersuchungen der wissenschaftlichen Sachverständigen werden vom Direktorium bezahlt. Ebenso die Kosten für die von den Vertragsinstituten durchgeführten Untersuchungen des von Tierärzten mit vorgeschriebenen Begleitberichten eingesandten Materials. Nicht bezahlt werden eventuelle Zweituntersuchungen des gleichen Untersuchungsmaterials durch ein anderes Institut.

Von den Besitzern selbst zu tragen sind die Untersuchungen der Hengste gemäß Ziff. 14 und 16 sowie die Kosten für die erforderliche Behandlung der nicht gesunden Stuten und Hengste.

3. Frühnachweis der Trächtigkeit

Der möglichst frühe und sichere Nachweis der durch eine Bedeckung erfolgten Trächtigkeit ist von großer praktischer Wichtigkeit. Das physiologische Anzeichen für die Trächtigkeit ist das Ausbleiben der Rosse, es macht sich zuerst bemerkbar. Es ist jedoch nur bedingt zuverlässig, weil nicht selten Stuten Rosseerscheinungen zeigen, obwohl sie befruchtet sind, und andere keine Rosse zeigen, auch wenn eine Befruchtung *nicht* stattgefunden hat.

Der Frühnachweis der Trächtigkeit kann geführt werden:

1. durch tierärztliche Untersuchung. Sie ist frühestens vom 20. Tage an möglich. Diese Untersuchung erfordert jedoch Spezialerfahrung, die nicht jeder Tierarzt besitzt.
2. durch Nachweis von Trächtigkeitshormon (Stutenserumgonadotropin) im Blut. Er läßt sich in besonderen Instituten vom 45. bis 120. Tage der Trächtigkeit durchführen. Die Sicherheit dabei beträgt etwa 95%. Nach Fruchtresorption können jedoch die Trächtigkeitshormone noch längere Zeit nachweisbar bleiben.
3. durch Nachweis von Östrogen (Follikelhormon) im Harn. Er ist vom 125. Tage der Trächtigkeit an möglich, bietet jedoch geringe Sicherheit.
4. Für die hormonale Trächtigkeitsuntersuchung sind 50 ccm Blut bzw. 50 ccm Harn erforderlich.
Das Untersuchungsmaterial muß möglichst kühl und ohne Zeitverlust als Eilpaket oder als Expreßgut dem Untersuchungsinstitut gesandt werden. Untersuchungsinstitute siehe Seite 135.
5. Da sich bei sommerlichen Temperaturen Blutproben während des Versandes (besonders in nicht sterilen Gefäßen) leicht zersetzen und damit für die Untersuchung unbrauchbar werden, empfiehlt es sich, das nach der Gerinnung des Blutes abgesetzte Serum einzusenden. Für die Untersuchung genügen 20 ccm Serum.
6. Bei negativem Ausfall der hormonalen Trächtigkeitsuntersuchung sollten schwerwiegende Entscheidungen (Ausmerzung oder Rückkehr in den Rennstall) nur getroffen werden, wenn der Befund durch klinische Untersuchung bestätigt wurde.
7. Da bis zum dritten Trächtigkeitsmonat bei Stuten – insbesondere bei solchen, die ein Fohlen säugen – die Möglichkeit einer Fruchtresorption nach embryonalem Frühtod besteht, ist die *endgültige Trächtigkeitsfeststellung* bei der Stute

erst nach dem dritten Monat möglich (vergl. S. 112, Ziff. 3).
8. Im Hinblick auf das Resorptionsrisiko im Embryonalstadium sind im Laufe des Monats Mai alle bis dahin gewonnenen Frühträchtigkeitsergebnisse nachzuprüfen. Erkennt man die Fälle rechtzeitig, so gelingt es in der Regel, noch eine neue Rosse hervorzurufen, die erfahrungsgemäß sehr gute Aussichten für eine endgültige Befruchtung bietet.

4. Hygienische Maßnahmen im normalen Zuchtbetrieb

a) beim Decken

1. Die Deckhengste sind fortlaufend auf ihren Gesundheitszustand zu überwachen. Krankheitserscheinungen und mangelnde Befruchtungsergebnisse sind unverzüglich dem Gestütstierarzt mitzuteilen. In das Ermessen des Tierarztes wird gestellt, ob unter Benachrichtigung des Direktoriums der zuständige fachwissenschaftliche Sachverständige hinzuzuziehen ist.
2. Die Deckstände und Probierstände sind so einzurichten, daß auf ihnen weder Staubentwicklung noch Schlammbildung möglich sind. Als Boden von Deck- und Probierständen ist feinkörniger, gesiebter Kies sehr geeignet.
Deck- und Probierstände dürfen nicht zu anderen Zwecken, wie Behandlung kranker Pferde, Spülen von Stuten, benutzt werden. Ebenso ist auf ihnen das Ausgießen von Spül- oder Reinigungswasser unzulässig.
3. Es dürfen nur gesunde Stuten gedeckt werden. Als gesund sind anzusehen:
a) Stuten, die in der gleichen Decksaison normal gefohlt haben,
b) Maidenstuten, güste Stuten und wiederholt umrossende Stuten nur dann, wenn ihre Unbedenklichkeit durch entsprechende tierärztliche Untersuchungen nachgewiesen worden ist.
4. Es gehört zur Sorgfaltspflicht des Hengstgestütes, vor der Bedeckung die U-Karte der betreffenden Stute zu beachten.
5. Vor jeder Paarung ist die Umgebung der Scham am zweckmäßigsten durch Abreiben mit Zellstoff zu reinigen, der nach Benutzung jedesmal unschädlich beseitigt wird. Unzulässig ist die Verwendung von Wischlappen, Schwämmen usw.
6. Die Rute des Hengstes kann nach dem Deckakt mit physiologischer Kochsalzlösung (10 g Kochsalz auf 1 l abgekochtes Wasser) oder einem geeigneten milden Desinfektionsmittel abgespült werden. Besonders empfiehlt sich das Auftragen einer geeigneten Salbe (z. B. Bovoflavin) in etwa zweiwöchigen Abständen während der Paarungszeit. Vor der Anwendung antibiotischer Spülmittel und Salben wird gewarnt.

b) bei der Geburt

1. Die zur Abfohlung bestimmten Boxen sind vor ihrer Besetzung in allen Teilen gründlich zu reinigen, zu desinfizieren und reichlich mit neuer Streu zu versehen.
2. Mit einer erwärmten Seifen-, Persil- oder ähnlichen Lösung sind sorgfältig zu säubern:
a) vor der Geburt Scham, After und ihre Umgebung, soweit bei der Geburt das Fohlen damit in Berührung kommt;
b) nach der Geburt die Teile der Stute, die während der Geburt durch Fruchtwasser usw. beschmutzt worden sind.
3. Je ein Eimer für kaltes und warmes Wasser, ein mildes und gut verträgliches Desinfektionsmittel, Seife, Nagelbürste, saubere Handtücher und mit Alkohol verdünnte Jodtinktur sind bereitzustellen.
4. Das hilfeleistende Personal hat möglichst waschbare Überkleidung und Gummistiefel zu tragen. Vor der Hilfeleistung sind Hände und Arme gründlich zu waschen. Die Benutzung von Plastikhandschuhen zum einmaligen Gebrauch hat sich bewährt.
Die Hilfeleistung ist so durchzuführen, daß, sofern sich die Geburt hinterher als eine Verfohlung oder die Geburt eines infektionskranken Fohlens erweist, es zu keiner Verstreuung von Ansteckungskeimen in dem übrigen Stall und in anderen Boxen hat kommen können.
5. Jede geburtshilfliche Untersuchung und Hilfeleistung muß vorsichtig und sorgfältig durchgeführt werden, unsachgemäße Gewaltanwendung ist zu vermeiden.
Gelingt die Vollendung der Geburt nicht oder treten sonstige Störungen ein, ist umgehend tierärztliche Hilfe in Anspruch zu nehmen. Dies gilt auch bei Verzögerung des Abganges der Nachgeburt.
6. Alle Abgänge bei der Geburt, besonders die Nachgeburt, sind, sofern sie nicht für eine Untersuchung benötigt werden, baldmöglich zu vernichten, am besten zu verbrennen oder tief zu vergraben. Keinesfalls dürfen sie auf den Dunghaufen geworfen werden, so daß sie für Hunde und Katzen zugänglich bleiben.
7. Die erste Muttermilch (Biestmilch oder Kolostralmilch) ist unter allen Umständen dem Fohlen zu geben. Sie darf keinesfalls abgemolken werden. Lediglich die ersten Strahlen sind mit sauberen Händen in ein Gefäß, aber nicht in die

Streu, zu melken. Vor dem ersten Saugenlassen ist das Euter mit einer erwärmten, milden Seifenlösung abzuwaschen.

8. Die vorbeugende Schaffung einer gestütseigenen Kolostrumreserve für Notfälle empfiehlt sich. Hierzu wird von einer gesund abfohlenden Stute vor dem ersten Saugen des Fohlens eine Euterhälfte ausgemolken. Die so gewonnenen 300 bis 400 ml Kolostrum können in zwei oder drei Portionen geteilt und in Plastikbeuteln abgefüllt in einer handelsüblichen Gefriertruhe eingelagert und ohne wesentlichen Wirkungsabfall über wenigstens drei Jahre aufbewahrt werden. Kolostrum von im Mai abfohlenden Stuten wird wegen des Vitamingehalts bevorzugt. Bedürftigen Fohlen wird das frisch aufgetaute Kolostrum körperwarm gereicht.

c) bei der Nabelversorgung

1. Der Nabelstumpf kann leicht zur Eintrittspforte von Infektionserregern in den Fohlenkörper werden, wodurch schwere Erkrankungen, z. B. Fohlenlähme, entstehen können. Daher ist der sachgemäßen Versorgung des Nabels große Aufmerksamkeit zu widmen.

2. Normalerweise reißt der Nabelstrang an der von der Natur dafür vorgebildeten Stelle, etwa 3 cm von der Bauchdecke entfernt, von selbst durch. Dadurch schnellen die in der Nabelschnur enthaltenen Blutgefäße zurück und verhindern Blutung und Infektion.

3. Das Durchschneiden der Nabelschnur ist bis auf die sehr seltenen Fälle zu unterlassen, wo sie nicht von selbst durchreißt. Erweist sich ihre künstliche Durchtrennung ausnahmsweise als notwendig, erfolgt sie besser als durch ein Messer (dadurch stärkere Blutung) durch einen etwa an der Stelle, wo die Nabelschnur normalerweise von selbst zerreißt, geführten Scherenschnitt. Keinesfalls darf der Nabel zu früh abgetrennt werden, damit das noch in den Eihäuten befindliche Blut dem Fohlen nicht verloren geht.

4. Ein Abbinden des Nabelstumpfes darf nur erfolgen, wenn sich nach der Durchtrennung Blut aus ihm ergießt. Es muß mit sorgfältig gewaschenen Händen und einer mit verdünnter Jodtinktur getränkten Schnur vorgenommen werden.

5. Zu verwerfen ist die Behandlung des Nabelstumpfes mit wässerigen Desinfektionslösungen. Angeraten wird ein

wiederholtes Eintauchen oder Bespülen des Stumpfes mit einer durch Alkohol stark verdünnten Jodtinktur. Dadurch trocknet der Nabelstumpf sehr schnell ein und verschließt die Infektionspforte. Zusätzlich kann ein Bestreichen mit dünnflüssigem Holzteer erfolgen.

5. Verfohlen

Unterbrechungen der Trächtigkeit kommen bei Pferden wesentlich häufiger als bei den übrigen Haustieren vor. Sie können während der ganzen Dauer der Trächtigkeit eintreten. Von der Ursache her ist zu trennen zwischen Verfohlungen, die durch Viren, Bakterien, Pilze und Protozoen ausgelöst werden (infektiöse Aborte), oder die auf hormonale, mechanische, genetische (auch chromosomale), chemische und ernährungsbedingte Faktoren (nichtinfektiöse Aborte) zurückzuführen sind.

a) Ansteckendes Verfohlen

Es wird durch verschiedene Erreger, entweder durch Virusarten (Rhinopneumonitisvirus [Spätabort], Arteritisvirus [Frühabort], Influenzavirus, Enteroviren, Adenoviren u. a.) oder durch Bakterienarten (Salmonellen, haemolytische Streptokokken, gelegentlich auch Colibakterien u. a.) sowie durch den Beschälseuchenerreger und Pilze verursacht. Die Erreger führen die Verfohlung durch Schädigung der Gebärmutter (Plazenta), der Fruchthüllen und der Frucht herbei. Bei der Verfohlung werden mit dem Fohlen, den Eihäuten, dem Fruchtwasser und dem Scheidenausfluß ungeheure Mengen des Ansteckungsstoffes ausgeschieden, durch die dann die übrigen Stuten des Bestandes gefährdet werden. Die gesunden Stuten nehmen die krankmachenden Keime mit dem Futter, dem Trinkwasser, der Streu, durch Belecken der Boxenwände usw. auf oder die Infektion erfolgt, vornehmlich bei Virusabort, durch Versprühen erregerhaltigen Sekretes aus den oberen Luftwegen und der Nase beim Husten, Schnauben und Prusten (Tröpfcheninfektion). Personal und Stallgeräte bilden häufig die Zwischenträger. Ein Gestütsmeister z. B., der eine Fehlgeburt geleitet hat oder mit Fohlen und Nachgeburt in Berührung gekommen ist, kann durch die Futterausgabe die Übertragung der Krankheitserreger vermitteln. Eine Übertragung kann auch stattfinden, wenn Stuten, die verfohlt haben, mit gesunden Stuten im Stall, im Auslauf oder auf der Weide in nahe Berührung kommen. Hengste können nach der Bedeckung kranker Stuten ebenfalls andere Stuten anstecken. Eine weitere Quelle der Virusinfektion der Stuten sind die an Rhinopneumonitis erkrankten Fohlen.

Das ansteckende Verfohlen kann zu jedem Zeitpunkt der Trächtigkeit stattfinden. Virusabort tritt vornehmlich in den letzten Monaten der Trächtigkeit auf.

Die im ersten Viertel der Trächtigkeit erfolgenden Verfohlungen können wegen der geringen Größe der ausgestoßenen Frucht unbemerkt bleiben. Von solchen Frühverfohlungen betroffene Stuten rossen überraschend um und werden nun fälschlich als güst angesehen. Bei Verfohlungen in späteren Stadien der Trächtigkeit bereitet sich die Stute meist ähnlich wie zur normalen Geburt vor (leichte Schwellung der Scham und des Euters, Bildung von Harz). Ausnahmen sind möglich. So erfolgt das Verfohlen beim Virusabort in der Regel ganz plötzlich ohne erkennbare Vorbereitung der Stute.

Nicht selten tragen die angesteckten Stuten vollständig aus, bringen aber lebensschwache Fohlen zur Welt.

Zur Verhinderung der Übertragung und Verschleppung der gefährlichen Ansteckungskeime sind folgende Maßnahmen durchzuführen:

1. Jede Verfohlung und jede Geburt eines lebensschwachen Fohlens sind zunächst so zu behandeln, als ob ansteckendes Verfohlen vorläge.

Bei überraschenden Verfohlungen ist es sinnvoll, infektionsgefährdete tragende Nachbarstuten sofort aus der Gefahrenzone zu bringen. Andere tragende Stuten dürfen dadurch aber nicht gefährdet werden.

2. In einem besonderen Isolierstall sind streng abzusondern
a) Stuten mit Anzeichen des Verfohlens,
b) Stuten, die verfohlt haben,
c) Stuten, deren Fohlen bei oder bald nach der Geburt unter den Erscheinungen allgemeiner Schwäche, des Durchfalls oder der Lähme erkrankt oder gestorben sind.

3. Alle Abgänge beim Verfohlen sind, soweit sie nicht zur Untersuchung eingesandt werden müssen, vor Entfernung aus der Box mit starker Desinfektionsflüssigkeit zu übergießen und alsdann unschädlich zu beseitigen, am besten zu verbrennen oder tief zu vergraben. Unter keinen Umständen dürfen die Frucht oder die Nachgeburt auf den Dunghaufen geworfen werden.

4. Streu, Dung und Futterreste sind in der Box mit starker Desinfektionsflüssigkeit (z. B. Natronlauge 2%-ig) zu übergießen und erst nach mindestens 24-stündiger Einwirkungszeit zu entfernen.

Die Boxe ist gründlich zu reinigen, zu desinfizieren und mit neuem Anstrich zu versehen. Vor Neubesetzung sollte sie einige Zeit leerstehen.

5. Das bei einer Fehlgeburt tätig gewesene Personal hat sofort nach etwaiger Hilfeleistung die dabei benutzten Gegenstände auszukochen oder zu desinfizieren, die Hände sorgfältig zu reinigen und anschließend mindestens zwei bis drei Minuten zu desinfizieren, Schuhzeug und die beschmutzte Kleidung zu desinfizieren und zu wechseln.

Mit den Desinfektionsmaßnahmen, dem Verpacken des Untersuchungsmaterials und dem unschädlichen Beseitigen der sonstigen Abgänge bei Verfohlungen ist nach Möglichkeit nur Personal zu beauftragen, das nicht zur Betreuung der Stuten und Hengste eingesetzt ist.

6. Die Stuten haben so lange in der Isolierung zu verbleiben, bis geklärt ist, daß es sich nicht um ansteckendes Verfohlen handelte, oder die erkrankt gewesene Stute keine Krankheitserreger mehr auszuscheiden vermag.

7. Bis zur Klärung des Verfohlfalles oder Tilgung der Verfohlseuche dürfen keine Stuten in andere Gestüte überführt und keine tragenden Stuten aufgenommen werden.

8. Zur Feststellung der Ursache des Verfohlens sind an das zuständige Institut unverzüglich einzusenden: das ganze, uneröffnete Fohlen, die ganze oder große Teile der von grobem Schmutz befreiten Nachgeburt sowie eine Blutprobe der Stute.

Eine Zerlegung des Fohlens vor dem Versand verbietet sich wegen der großen Gefahr der massiven Ausstreuung des Ansteckungsstoffes und damit der Gefahr weiterer Virusabortfälle. Für die ordnungsgemäße Untersuchung im Untersuchungsinstitut ist erforderlich, daß der ungeöffnete Tierkörper *dort* zur Sektion gelangt.

Das Untersuchungsmaterial ist dem Institut möglichst durch Boten, sonst durch Eilpaket oder als Bahnexpreßgut einzusenden. Ein genauer Begleitbericht ist mitzugeben. Fernmündliche Vorausmeldung ist notwendig. Vgl. Abschnitt Einsendung des Untersuchungsmaterials Seite 136.

9. Die Maßnahmen nach Ziff. 1–8 und 10 sind in gleicher Weise zu treffen, wenn *Zwillinge* verfohlt oder lebensschwach geboren werden.

10. Jede Verfohlung ist sofort dem Direktorium und dem zuständigen wissenschaftlichen Sachverständigen mitzu-

teilen. Ergeben die unverzüglich einzuleitenden Institutsuntersuchungen einen Seuchenverdacht, so sind außerdem sofort zu benachrichtigen:
a) die Gestüte, die von dem betroffenen Gestüt bereits Stuten zur Bedeckung aufgenommen haben, oder denen Stuten zur Bedeckung angemeldet worden sind,
b) die Gestüte, die Stuten in dem betroffenen Gestüt stehen haben, oder in das Gestüt zu bringen beabsichtigen.
11. Ergeben die Untersuchungen der Institute die Notwendigkeit, ein Gestüt vorübergehend zu sperren, so sind Beginn und Ende der Sperrmaßnahmen im WRK zu veröffentlichen. In der ersten Veröffentlichung sind die von dem Gestüt einzuhaltenden Maßnahmen einzeln aufzuführen.
12. Hinsichtlich der Schutzimpfung gegen den Virusabort (Rhinopneumonitisvirus) wird auf das Merkblatt des Direktoriums – s. S. 140 – verwiesen.

b) Nichtansteckendes Verfohlen

Es kann während der ganzen Dauer der Trächtigkeit auftreten. Ihm sind auch die meisten der in den ersten Wochen nach der Befruchtung vorkommenden Fälle der Fruchtresorption hinzuzurechnen.
Sehr verschiedenartige Ursachen sind in der Lage, nichtansteckendes Verfohlen herbeizuführen. Es ist erwiesen, daß es Stuten mit erblicher Veranlagung zu Fehl- und Frühgeburten gibt. Mangelhafter Schluß der Scham und des Scheidenvorhofes können der Grund für nichtansteckendes Verfohlen sein.
Da die Lebensfähigkeit der Fohlen im Mutterleib in hohem Maße durch die Haltung und Ernährung der Stuten während der Trächtigkeit beeinflußt wird, können erhebliche Fehler in dieser Hinsicht zum nichtansteckenden Verfohlen führen. Als spezielle Ursachen hierfür sind bekannt: die langdauernde Fütterung gehaltlosen, überjährigen Heues und die dadurch herbeigeführte unzureichende Versorgung mit Eiweiß, Vitaminen und Mineralsalzen, besonders mit Phosphorsäure. Schimmeliges, faulendes, pilzbefallenes Heu und Stroh, schimmeliger Hafer, gefrorene und faulende Mohrrüben, Giftpflanzen wie Schachtelhalm und Mutterkorn.

Neuerdings wird auch auf die Bedeutung der Spurenelemente, besonders des Kobalts und Jods, für die Erhaltung der Trächtigkeit hingewiesen. Auch der Mangel an dem für die Trächtigkeitserhaltung unentbehrlichen Hormon (Progesteron), der besonders zwischen dem 40. Trächtigkeitstag und dem 4. bis 5. Trächtigkeitsmonat entstehen kann, ist zuweilen für die Unterbrechung der Trächtigkeit verantwortlich.
Eine häufige Ursache für das nichtansteckende Verfohlen sind außerdem die Zwillingsträchtigkeit, die Bedeckung bei bereits bestehender Trächtigkeit, äußere Gewalteinwirkungen wie Sturz und Hufschläge, langanhaltende Aufregungen bei Transporten und dergleichen.
Der Ursache der Entstehung zufolge tritt nichtansteckendes Verfohlen vorwiegend in Einzelfällen auf. Zu gehäuftem Auftreten kommt es nur dann, wenn mehrere Stuten der gleichen Ursache, z. B. Futterschädlichkeiten, ausgesetzt sind.
Beim nichtansteckenden Verfohlen sind die gleichen Proben an das Untersuchungsinstitut zu senden und anfangs die gleichen Maßnahmen zu ergreifen wie bei dem ansteckenden Verfohlen. Diese Maßnahmen sind aufzuheben, sobald die Untersuchungen den *Ausschluß des ansteckenden Verfohlens erlauben.*

6. Krankheiten der neugeborenen Fohlen

Im Rahmen der Richtlinien werden von den Krankheiten der neugeborenen Fohlen nur die abgehandelt, die durch Infektionserreger verursacht werden. Störungen wie die Darmpechverhaltung, der physiologische Fohlendurchfall während der Rosse der Mutterstute, der nichtinfektiöse Durchfall des Fohlens als Folge zu reichlicher Aufnahme von Muttermilch während der ersten Lebenstage und ähnliche bleiben außer Betracht.

Bei den neugeborenen Fohlen stehen die durch Infektionserreger herbeigeführten Krankheiten an Häufigkeit, Schwere und Gefährlichkeit bei weitem im Vordergrund. Durch die noch geringe Abwehrfähigkeit des in der Umstellung auf die Außenweltbedingungen begriffenen Neugeborenen gelingt es den Erregern verhältnismäßig leicht, in den Organismus einzudringen, so daß es zu Erscheinungen der schweren Allgemeinerkrankung mit Hinfälligkeit, Nichtstehenkönnen und Nichtsaugenkönnen, Fieber, Untertemperatur, Gelbsucht u. ä. kommt. Häufig dringen Keime aus der Blutbahn in Gelenke und Sehnenscheiden ein und rufen mit schmerzhaften Schwellungen und Lahmheiten verlaufende Gelenk- und Sehnenscheidenentzündungen hervor.

Je nach Variation der Krankheitsbilder treten Erscheinungen allgemeiner Lebensschwäche, Darmentzündungen, Erkrankungen der Atmungswege, Frühlähme oder Spätlähme auf. Die diese Krankheiten herbeiführenden Erreger sind im wesentlichen die gleichen, die auch für das ansteckende Verfohlen verantwortlich sind (Rhinopneumonitisvirus, Salmonellen, Shigellen, haemolysierende Streptokokken, Colibakterien u. a.).

Ein Teil der Fohlen ist bereits im Mutterleib infiziert. Zu einer richtigen Verfohlung hat die Schädigung nicht ausgereicht, die Fohlen werden aber schwerkrank geboren und vermögen die Umstellung an die Außenweltbedingungen nicht zu bewältigen (protrahierter Abort). Die Infektionen können aber auch während oder nach der Geburt zustandekommen. Dann dringen die Erreger vom Nabel oder über die Schleimhaut der Luftwege sowie aus dem Verdauungskanal in den Körper ein. Dieser Besiedlung wird durch ungeeignete Haltung und Fütterung der tragenden Stuten, schlechte Stallungen, feuchte Streu, Unsauberkeit bei der Geburtshilfe und Nabelversorgung der Weg geebnet.

Da die ausgebrochenen Krankheiten nur schwer zu heilen sind, hat alle Aufmerksamkeit der Vorbeuge zu gelten. Deshalb hat die Schaffung bester hygienischer Verhältnisse für die Stute und das Fohlen im Vordergrund zu stehen. Bei besonderer Gefährdung sind im Benehmen mit dem Gestütstierarzt vorbeugende Maßnahmen (Impfungen) in Erwägung zu ziehen. Da die kranken Fohlen Ansteckungsstoffe ausscheiden können, ist sofortige Entfernung der Stute mit dem kranken Fohlen aus dem Abfohlstall und aus dem Bereich tragender und Fohlen führender Stuten und Verbringen in den Isolierstall mit möglichst besonderen Pflegern vorzunehmen.

Zur Feststellung der Ursache sind nach dem Tode des Fohlens ohne Verzug an das zuständige Institut einzusenden: nach Möglichkeit der uneröffnete Tierkörper, außerdem von der Mutterstute eine Blut- und Milchprobe. Sofern der Fohlenkörper nicht eingesandt werden kann, die Leber im Zusammenhang mit dem Hautnabel, Milz, Magen und Darm, beiderseits abgebunden, Nieren, Blase, Herz und Lunge, ein Röhrenknochen und ein uneröffnetes Gelenk (vgl. Materialeinsendung bei ›Ansteckendes Verfohlen‹, Ziff. 8).

Das Auftreten der geschilderten Krankheiten ist in gleicher Weise wie Verfohlungen dem Direktorium, dem zuständigen wissenschaftlichen Sachverständigen und den in Frage kommenden Gestüten mitzuteilen (vgl. ›Ansteckendes Verfohlen‹, Ziff. 10).

7. Krankheiten der Atmungswege der Fohlen

An den Atmungsorganen kommen im Gestüt hauptsächlich drei voneinander unterscheidbare Krankheiten vor:
a) Katarrh der oberen Luftwege,
b) Lungenentzündung der Fohlen,
c) Druse.
Sie müssen durch sorgfältige Beobachtung und Hinzuziehung eines erfahrenen Tierarztes möglichst frühzeitig erkannt werden, da die einzelnen Krankheiten voneinander sehr abweichende Maßnahmen erforderlich machen.

a) Katarrh der oberen Luftwege

Eine mit Katarrh der oberen Luftwege verlaufende Virusinfektion (Rhinopneumonitis) tritt in größeren Gestüten beinahe alljährlich vornehmlich im Herbst und Frühwinter auf. Von ihr werden Fohlen von zwei bis drei Wochen bis zu fünf bis acht Monate alten Absetzern betroffen. Die Mutterstuten bleiben fast immer von der Erkrankung verschont. Die Krankheitserscheinungen beginnen mit einem geringen schleimigen Nasenausfluß, der an den Nüstern oft zu Krusten eintrocknet. Die eingetrockneten Krusten können die Naseneingänge so verengen, daß Atemgeräusche entstehen. Der Ausfluß kann auch stärker und eitrig werden. Die Nasenschleimhaut sowie die Lidbindehäute können geschwollen und gerötet sein. Der Schluckakt ist nicht behindert. Die Kehlgangslymphknoten sind überhaupt nicht oder nur geringgradig geschwollen. Niemals kommt es zu ihrer Abszedierung.
Das Allgemeinbefinden der betroffenen Fohlen ist nur selten gestört, die Temperaturen gehen in der Regel nicht über 38,5 Grad hinaus. Es treten zuweilen Fälle auf, in denen Husten, Appetitmangel und vorübergehende Niedergeschlagenheit zu beobachten sind. Bei älteren Fohlen können die Krankheitserscheinungen zuweilen nur geringgradig ausgebildet sein, so daß sie leicht übersehen werden. Die Dauer der Erkrankung erstreckt sich auf einige Wochen. Eine Behandlung ist meist nicht erforderlich. Die Kontrolle der Temperatur ist anzuraten. Die fieberfreien Fohlen können auf die Weide gehen. Fohlen mit Temperaturerhöhungen müssen in *luftigen Ställen* untergebracht werden. Bei ihnen tritt durch Laufen auf der Weide (Überanstrengung) leicht

eine Verschlimmerung ein. Solche Fohlen dürfen auch auf gar keinen Fall transportiert werden.

b) Lungenentzündung

Von der Krankheit betroffen werden vier bis sechs Wochen alte und ältere Fohlen. Die die Fohlen führenden Mutterstuten bleiben stets gesund. Hilfsursachen der Erkrankung können vorausgehende Virusinfektionen (z. B. mit Rhinopneumonitisvirus), Parasiten (z. B. Strongyloides), vor allem aber ungünstiges Stallklima (mangelhafte Bodenluft) sein. Die Krankheit beginnt mit einem häufigen, trockenen, oft quälenden Husten. Besonders auffällig ist die starke, sich durch angestrengtes Heben und Senken des Brustkorbes und der Flanken äußernde Schweratmigkeit. Die Körpertemperatur schwankt zwischen 37,5 und 41 Grad. Nasenausfluß ist anfangs gering, kann aber im Verlauf der Krankheit reichlich und eitrig werden. Das Allgemeinbefinden der erkrankten Fohlen ist bei Beginn und leichterem Verlauf der Krankheit oft wenig gestört.
Die Krankheit wird durch Bakterien verursacht. Sie ist sehr ansteckend und anscheinend durch direkte Berührung übertragbar. Ihre Einschleppung geschieht häufig durch eine aus einem anderen Gestüt mit Fohlen zurückkehrende Stute. Sie kann aber auch mehrere Abfohlperioden hindurch in einem Gestüt stationär sein.
Dringend erforderlich ist frühzeitige Trennung der kranken von den gesunden Fohlen. Da die erkrankte Lunge durch freie Bewegung der Fohlen auf der Weide überbeansprucht wird, ist frühzeitige Aufstallung der kranken Fohlen unbedingt erforderlich. Sie sollte in einer luftigen, möglichst offenen Box erfolgen. Das Anbringen eines Siebrostes oder Wellengitters in der Untertür kann empfehlenswert sein, damit das liegende Fohlen frische Außenluft einatmen kann. Die Krankheit erfordert frühzeitige tierärztliche Behandlung. Sie kann zum Tode führen, die Erholung von der Krankheit dauert oft lange Zeit.

c) Druse

Die Druse ist eine in der Vollblutzucht seltene Krankheit, vor der die Gestüte jedoch ständig auf der Hut zu sein haben. Sie verläuft besonders bei Fohlen und Jährlingen oft bösartig, kann zu Todesfällen führen und hat oft Nachkrankheiten, z. B. Kehlkopfpfeifen, zur Folge. Die Krankheit wird durch Drusestreptokokken hervorgerufen und ist ansteckend. Die Stuten können ebenfalls an Druse erkranken, jedoch verläuft die Krankheit bei ihnen in der Regel leichter.
Druse wird eingeschleppt durch kranke Pferde oder solche, die die Krankheit vor einiger Zeit durchgemacht haben, da diese auch nach ihrer Heilung die Krankheitskeime noch eine gewisse Zeit ausscheiden können. Außerdem kann die Ansteckung durch Einstellen der Pferde in nicht hinreichend desinfizierte Boxen oder Transportmittel (Flugzeuge, Autos, Eisenbahnwagen, Schiffe) erfolgen. Ungünstige Umweltbedingungen, unhygienische und unzureichend ventilierte Stallungen, anstrengende Transporte, Akklimatisationsschwierigkeiten begünstigen das Entstehen der Seuche und verschlimmern ihren Verlauf.
Die Krankheit äußert sich durch Fieber, Mattigkeit, mehr oder minder starken eitrigen Nasenausfluß, Schluckbeschwerden, Schwellung und Vereiterung der Kehlgangs- und anderer Lymphknoten. Frühzeitige Hinzuziehung eines Tierarztes und die Verbringung der erkrankten Pferde in strenge Isolierung möglichst mit eigenem Pflegepersonal sind erforderlich. Alle mit den erkrankten Pferden in Berührung gekommenen Gegenstände und die Boxen sind sorgfältig zu reinigen und zu desinfizieren. Die Boxen, in denen erkrankte Pferde gestanden haben, sollten einige Zeit möglichst nicht mit Pferden besetzt werden.
Das Vorkommen von Druse ist dem Direktorium mitzuteilen.
Die Aufnahme von hochtragenden Stuten und Fohlen ist zu unterlassen. Die Abgabe von Pferden hat bis zur Seuchentilgung zu unterbleiben.

8. Parasitenbefall

Die wichtigsten Magen-Darmparasiten des Pferdes sind die Palisadenwürmer (Strongyliden), die Spulwürmer (Askariden) und die Magendasseln (Gastrophilus).

a) Palisadenwürmer

Es gibt mehrere Arten von Palisadenwürmern. Die geschlechtsreifen Würmer sämtlicher Arten leben im Dickdarm des Pferdes, saugen sich hier an der Schleimhaut fest und nähren sich von der Darmschleimhaut und von Blut. Die weiblichen Würmer legen große Mengen mikroskopisch kleiner, ovaler Eier, die mit dem Kot in das Freie gelangen. Aus ihnen entwickeln sich bei geeigneter Außentemperatur im Laufe einer Woche bewegliche Larven, die in den ersten Tagen im Kot verbleiben, dann daraus in dessen Umgebung auswandern. Auf der Weide schlängeln sie sich an Grashalmen, im Stall an feuchten Wänden, Krippen und feuchtem Stroh empor und warten, daß sie von Pferden aufgenommen werden.
Diese Larven sind gegenüber Kälte, Trockenheit, künstlichem Dünger und gewöhnlichen Desinfektionsmitteln sehr widerstandsfähig. Sie können viele Monate ihre Ansteckungsfähigkeit erhalten. Dies führt, sofern keine Gegenmaßnahmen getroffen werden, zur Anreicherung der gefährlichen Larven auf der Weide und in den Stallungen.
Nach Aufnahme der Wurmlarven durch die Pferde durchbohren sie deren Darmwände und wandern, bevor sie sich als geschlechtsreife Würmer im Dickdarm ansiedeln, längere Zeit im Körperinneren des Pferdes herum. Eine Art macht Bohrgänge in der Leber, eine andere Art lebt in den Wänden der Blutgefäße, weitere Arten suchen für die Zeit der Larvenreifung andere Körperstellen auf.
Bei starkem Befall verursachen die Wanderlarven, besonders bei Fohlen und Jährlingen, schwere Schädigungen mit den Erscheinungen des schlechten Allgemeinzustandes, Verlust der Wachstumsfreudigkeit, der Blutarmut und wiederkehrender Kolikanfälle.
Feststellung des Wurmbefalles geschieht durch mikroskopische Kotuntersuchungen. Durch sie können jedoch nur die geschlechtsreifen Würmer, nicht aber die besonders schädlichen Wanderstadien nachgewiesen werden.

Bekämpfung. Jährlich mehrfache Behandlung aller Pferde mit tierärztlich verordneten Arzneimitteln. Sie führen jedoch zu keiner völligen Wurmfreiheit und haben keine Wirkung auf die wandernden Larven. *Daher ist die Vorbeuge von entscheidender Wichtigkeit.*

a) Auf Weiden

1. Sorgfältige Entfernung des Kotes im Abstand von zwei bis drei Tagen. Das zuweilen empfohlene Ausbreiten des Kotes führt nicht zur Vernichtung der Larven und ist daher falsch.
2. Keinen Pferdedung oder Pferdekompost auf Pferdeweiden bringen.
3. Fohlen und Jährlinge möglichst nur auf Koppeln bringen, die längere Zeit nicht von Pferden begangen worden sind.
4. Möglichst häufiger Weidewechsel, keine Standweiden, deswegen keine zu großen Koppeln.
5. In der Zwischenzeit Auftreiben von Rindern, in deren Darm die mit dem Gras aufgenommenen Wurmlarven zugrunde gehen, ohne daß die Rinder geschädigt werden.
6. Gelegentlicher Mähschnitt der Weiden mit Entfernung des Grases ist für deren Wurmfreimachung sehr wirksam.

b) Im Stall

1. Für trockene, luftige Stallungen sorgen, Boxen mit feuchten Wänden meiden.
2. Möglichst häufig Kot entfernen und für trockene Streu sorgen.

b) Spulwürmer

Die geschlechtsreifen Würmer leben im Dünndarm des Pferdes. Die weiblichen Würmer legen mikroskopisch kleine, runde Eier in ungeheurer Zahl, die mit dem Kot ausgeschieden werden. Im Ei entwickelt sich eine Larve, die aber in der Außenwelt das Ei nicht verläßt. Daher ist sie bewegungsunfähig, hält sich aber über Jahre in ansteckungsfähigem Zustand. Die Ansteckung erfolgt in der Regel nur im Stall und in Ausläufen, selten auf der Weide.
Die Schädigung der befallenen Tiere ist ähnlich wie bei den Palisadenwürmern. Der Nachweis des Befalles geschieht ebenfalls durch mikroskopische Kotuntersuchung.
Bekämpfung erfolgt durch Behandlung der befallenen Pferde mit tierärztlich verordneten Arzneimitteln und große Sau-

berkeit in den Stallungen. Die gewöhnlichen Desinfektionsmittel und Kalkanstrich töten die Spulwurmeier nicht ab.

c) Magendasseln

Im geschlechtsreifen Zustand umschwärmen die hummelartig aussehenden Biesfliegen während der Monate Juli bis September bei gutem Wetter die Pferde und legen im Fluge an die Haarspitzen, besonders der Innenseiten der Vorderfußwurzelgelenke, seltener des Halses und der Mähne, deutlich sichtbare, ovale, gelbweiße Eier ab. Die Eiablage erfolgt nur im Freien, nie in Stallungen.
Beim Belecken der Ablegestellen dringen die wenige Tage nach der Eiablage entwickelten Larven in die Maulschleimhaut ein und wandern von dort in den Magen.
Hier setzen sie sich an der Innenwand fest, wachsen bis auf 1 bis 1,5 cm lange, walzenförmige, graurötliche Larven heran. Am Sitz der Larven entstehen an der Magenwand Geschwüre, von deren Sekret sie leben. Stärkerer Befall ruft Entwicklungsstörungen und Blutarmut hervor.
Im April bis Mai verlassen die Larven ihre Sitzplätze im Magen, werden mit dem Kot ausgeschieden, verpuppen sich in der Erde und schlüpfen nach vier bis sechs Wochen als geschlechtsreife Biesfliegen.
Der Befall mit Magendasseln kann durch Kotuntersuchung nicht nachgewiesen werden.
Die Behandlung mit Arzneimitteln ist nicht zuverlässig und überdies schwierig, doch läßt sich der Befall auf einfache Weise verhindern. Während der Schwarmzeit der Biesfliegen sind in etwa achttägigem Abstand die oben angeführten Ablegestellen auf Vorhandensein von Eiern der Biesfliege zu untersuchen. Die Eier lassen sich durch mehrmaliges, unter festem Aufdrücken durchzuführendes Darüberstreichen mit der Schneide eines stumpfen Hufmessers entfernen. Andererseits wird empfohlen, die Ablagestellen jeden zweiten Tag mit einem in warmes Wasser getauchten Lappen abzuwaschen. Dieser feuchtwarme Reiz soll das Schlüpfen der Larven bewirken, wie dies bei dem Ablecken der Fall ist. Die geschlüpften Larven werden dann durch Abwaschen entfernt. Die abgewaschenen Larven gehen von selbst zugrunde.

9. Untersuchungsinstitute

Die sich aus der vom Direktorium gelenkten Fruchtbarkeitsüberwachung ergebenden Untersuchungen haben in den dafür bestimmten Instituten stattzufinden. *Sie sind für jedes Gestüt und für jeden Stutenbesitzer verbindlich:*

Für Nordrhein-Westfalen, Niedersachsen und Schleswig-Holstein
Institut für Mikrobiologie und Tierseuchen der Tierärztlichen Hochschule, 3 Hannover, Bischofsholer Damm 15, Telefon: Hannover 8 11 31

Für Hessen, Baden, Rheinland-Pfalz und Saarland
Institut für Hygiene und Infektionskrankheiten der Tiere der Universität, 63 Gießen, Frankfurter Straße 89, Telefon: Gießen 7 02/22 61

Für Bayern und Württemberg
Institut für Mikrobiologie und Infektionskrankheiten der Tiere der Universität, 8 München 22, Veterinärstr. 13, Telefon: Durchwahl 21 80 25 28.

Die Einsendungen haben durch die die Untersuchung durchführenden Tierärzte unter Benutzung der vorgeschriebenen Berichtsformulare zu erfolgen (diese in Blocks mit Benutzungsanweisung kostenlos vom Direktorium zu beziehen). Bei Einhaltung dieser Vorschriften werden die Untersuchungskosten vom Direktorium getragen.

Die Untersuchungen auf Trächtigkeit und Parasitenbefall werden vom Direktorium nicht bezahlt. Hier sind die Stutenbesitzer in der Wahl der Institute frei.

Untersuchungen auf Trächtigkeit führen aus:

a) Institut für Mikrobiologie und Tierseuchen der Tierärztlichen Hochschule, 3 Hannover, Hans-Böckler-Allee 16
b) Ambulatorische und Geburtshilfliche Veterinärklinik, 63 Gießen, Frankfurter Straße 124
c) Bayerische Landesanstalt für Tierseuchenbekämpfung, 8042 Schleißheim bei München.

Untersuchungen auf Parasitenbefall führen aus:

a) Institut für Parasitologie der Tierärztlichen Hochschule, 3 Hannover-Kirchrode, Bünteweg 17, Tel.: Hannover 52 26 81
b) Institut für Parasitologie und Parasitäre Krankheiten der Tiere, 63 Gießen, Rudolf-Buchheim-Straße 4, Telefon: Gießen 7 02–22 76
c) Zoologisch-Parasitologisches Institut der Universität, 8 München 22, Kaulbachstraße 37, Telefon: München 21 80 22 94.

10. Einsendung des Untersuchungsmaterials

Der Einsender ist in entscheidender Weise am sicheren und schnellen Ergebnis der Laboratoriumsarbeit durch Sorgfalt bei der Entnahme, der Verpackung, dem Versand und der Abfassung des Begleitberichtes beteiligt.

a) Materialentnahme

Wichtige Voraussetzungen für ein zuverlässiges Untersuchungsergebnis sind:
a) saubere Entnahme der Proben und damit Ausschluß einer Sekundärverunreinigung,
b) Proben dürfen nicht mit Zusätzen (Antibiotika, Konservierungsmitteln) versetzt werden,
c) ausreichende Menge des Untersuchungsmaterials.

b) Untersuchungsstoffe

a) Verfohlte oder verendete Fohlen
Für eine sichere pathologisch-anatomische und bakteriologische Untersuchung müssen ganze, uneröffnete Tiere, bei Verfohlungen unbedingt auch die Eihäute, eingesandt werden; die Einsendung nur von Tierkörperteilen verringert die Aussicht auf ein sicheres Ergebnis.
b) Für *bakteriologische* Untersuchungen sind mindestens 5 – 10 ccm Sekret, Blut, Kot oder Urin notwendig. Für *serologische* Untersuchungen werden 10 – 20 ccm Blut oder 5 – 8 ccm Serum benötigt.
Für die Ausführung *biologischer Trächtigkeitsuntersuchungen* sind 50 ccm Blut oder 20 ccm Serum bzw. 50 ccm Harn erforderlich.
Da bei sommerlichen Temperaturen Blutproben während des Versands (besonders in nicht sterilen Gefäßen) oft hämolytisch und damit für eine serologische Untersuchung unbrauchbar werden, empfiehlt es sich, das nach der Gerinnung des Blutes abgesetzte Serum einzusenden.

c) Verpackung und Versand

Die Verpackung muß in sauberen, undurchlässigen Gefäßen erfolgen. Auf keinen Fall sollten festverschlossene Blechbehälter genommen werden, da sie die Fäulnis in kurzer Zeit bewirken. Das Untersuchungsmaterial sollte mit Plastikfolie, Pergament- oder Packpapier umwickelt und dann mit sauberer Holzwolle oder Sägespänen zum Schutz vor Feuchtigkeitsaustritt umgeben werden. Auf keinen Fall darf hierfür Heu, Stroh oder Häcksel verwendet werden, da diese massenhaft sporentragende Bazillen beherbergen, die, in das Untersuchungsmaterial eingedrungen, ein einwandfreies Untersuchungsergebnis erschweren oder unmöglich machen. Untersuchungsstoffe von toten Tieren gehen rasch in Zersetzung über, besonders bei warmem Wetter. Dadurch wird die Feststellung der Todes- oder Verfohlursache sehr erschwert. Es ist daher unbedingt erforderlich, daß das Untersuchungsmaterial so schnell wie möglich (Kraftfahrzeug oder Bahnexpreß) zur Untersuchungsstelle gelangt.

d) Begleitberichte

Für eine zielsichere Untersuchung ist die Beifügung eines sorgfältig und leserlich – am besten in Maschinenschrift – geschriebenen Begleitberichtes unerläßlich. Es ist darauf zu achten, daß der Begleitbericht flüssigkeitsundurchlässig, gesondert verpackt während des Transportes nicht mit dem Untersuchungsstoff in Berührung kommt. Erwünscht ist, eine Zweitschrift – gesondert aber gleichzeitig – direkt an das Untersuchungsinstitut einzusenden, außerdem die fernmündliche Vorausmeldung der Absendung von Verfohlungen oder gestorbenen Fohlen stammendem Untersuchungsmaterial.

11. Mitwirkung der Gestüte bei der Abwehr von Infektionskrankheiten aus dem Auslande

Besonders gefährliche und bösartige Infektionskrankheiten für Pferde sind unter anderen der Rotz, die ansteckende Blutarmut und die Beschälseuche.
Die Rotzkrankheit des Pferdes wird durch ein besonderes Bakterium verursacht. Sie kann von dem erkrankten Pferd auch auf den Menschen übergehen und ist für das erkrankte Pferd und den betroffenen Menschen unheilbar.
Die ansteckende Blutarmut wird durch ein Virus bedingt. Sie ist durch ihren schleichenden Verlauf oft schwer erkennbar und dadurch besonders heimtückisch.
Die Beschälseuche wird durch den Deckakt übertragen. Eine erkrankte Stute steckt bei der Bedeckung den Hengst an, der dann die später von ihm gedeckten Stuten infiziert.
Rotz, ansteckende Blutarmut und Beschälseuche werden in Deutschland durch veterinärpolizeiliche Maßnahmen (Einfuhrverbote, Anzeigepflicht, Tötung der erkrankten Pferde, scharfe Sperrmaßnahmen gegenüber den infizierten Beständen) bekämpft. Die drei Krankheiten sind zur Zeit in der Bundesrepublik getilgt.
Es gilt alle Sorgfalt darauf zu verwenden, daß sie mit eingeführten Pferden aus dem Auslande nicht wieder eingeschleppt werden. Um dies zu verhindern, bestehen behördliche Vorschriften. *Ihre strikte Befolgung liegt ebenso im eigenen Interesse wie der gesamten Vollblutzucht.* Außerdem ist die Nichtbeachtung der Vorschriften auf Grund des Viehseuchengesetzes strafbar.

Zur Verhinderung der Einschleppung von Infektionskrankheiten, besonders der oben aufgeführten, aus dem Auslande ist vorgeschrieben:
1. a) Einholung der Einfuhrerlaubnis der jeweils zuständigen obersten Veterinärbehörde. Nicht erforderlich ist diese unter anderem bei Einfuhren von Pferden aus Großbritannien, Irland, Italien, Belgien, den Niederlanden, Österreich und den skandinavischen Ländern; vorgeschrieben also bei Einfuhren von Pferden aus Frankreich. b) Beibringung eines Ursprungszeugnisses mit genauer Beschreibung des einzuführenden Pferdes, Angabe des Besitzers und des bisherigen Standortes. c) Beibringung eines von dem zuständigen beamteten Tierarzt ausgefertigten Gesundheitsattestes.
2. Untersuchung des einzuführenden Pferdes durch den zuständigen deutschen Grenztierarzt. Zur schnellen Abferti-

gung an der Grenze ist dem Grenztierarzt das Eintreffen des Transportes spätestens zwölf Stunden vorher anzumelden.
3. Beim Eintreffen am Bestimmungsort sind die Pferde am besten im Isolierstall, wo nicht vorhanden, in einem besonderen Stall unterzubringen. Sie dürfen keinesfalls, weder mittelbar noch unmittelbar, mit anderen Pferden in Berührung kommen.
4. Möglichst umgehend, spätestens jedoch innerhalb 24 Stunden, ist das Eintreffen der Pferde dem zuständigen beamteten Tierarzt (je nach Bundesland Kreisveterinärrat oder Regierungsveterinärrat) entweder direkt oder durch die zuständige Ordnungsbehörde mitzuteilen.
5. Der beamtete Tierarzt (nicht Gestütstierarzt) hat, sofern dies nicht an der Grenze erfolgt ist, eine Blutprobe zur Untersuchung auf Rotz und Beschälseuche zu entnehmen.
6. Die eingeführten Pferde unterliegen der ordnungsbehördlichen Beobachtung. Während dieser Zeit dürfen sie weder an einen anderen Ort noch in einen anderen Stall verbracht werden. Weidegang kann gestattet werden, aber nur, wenn dabei die Berührung mit anderen Pferden ausgeschlossen ist.
7. Die Beobachtungszeit erlischt, wenn die amtliche Untersuchung ergibt, daß die eingeführten Pferde frei von Seuchen und seuchenverdächtigen Erscheinungen sind.
8. Diesen Bedingungen unterliegen auch die nach der Bedeckung aus dem Auslande zurückkehrenden deutschen Stuten.

Merkblatt 1970 über die Schutzimpfung gegen den Virusabort der Stuten

1. Die Schutzimpfung gegen den Virusabort der Stuten wird allen Gestüten und Züchtern *nachhaltig empfohlen,* nachdem sie sich in den letzten Jahren überall dort bewährt hat, wo die gegebenen Richtlinien genau befolgt worden sind.
2. Für die Impfung kommen *alle in Gestüten* aufgestellten Einhufer sowie alle sonstigen Zuchtstuten in Betracht. Aus Impfgestüten in Rennställe überstellte Pferde sollten weiterhin unter Impfschutz gehalten werden (einmalige jährliche Auffrischungsimpfung nach 5. d), wenn ihre spätere Rückkehr in Impfgestüte anzunehmen ist.
3. Als Impfstoff steht das »Prevaccinol« der Behringwerke zur Verfügung.
4. Nach dem jetzigen Stand der wissenschaftlichen Erkenntnis und den bisherigen Erfahrungen ist die *Beachtung der nachstehenden Punkte Voraussetzung für den Erfolg* der Impfung: a) In dem Gestüt usw., in dem die Impfung angewendet wird (Impfbestand), *müssen sämtliche Pferde* (Stuten, Hengste, Fohlen, Absetzer, Jährlinge, auch Reitpferde, Esel usw.) *geimpft* werden. b) Es *muß sichergestellt* werden, daß die Einhufer des Impfbestandes *mit nicht-geimpften Einhufern keine* unmittelbare oder mittelbare *Berührung* haben (z. B. durch benachbarte Weiden oder Reitställe, gemeinsame Bewegungsbahnen, vorübergehend eingestellte Tiere).
c) Auch bei Anwendung der Schutzimpfung müssen die üblichen *hygienischen Maßnahmen in vollem Umfang* beachtet und durchgeführt werden (s. »Hygiene in der Vollblutzucht« und Merkblatt »Maßregeln bei Verfohlungen«).
5. Die *Impfungen* sind *nach folgendem Plan* durchzuführen:
a) *Alle Pferde* usw., die *erstmalig* gegen Virusabort *geimpft werden* (Erstimpflinge), sind *zweimal* zu impfen. Die zweite Impfung erfolgt im Abstand von drei Monaten nach der ersten Impfung. b) *Fohlen* müssen bei ihrer ersten Impfung den *dritten Lebensmonat vollendet* haben; die Impfung soll also im vierten Lebensmonat vorgenommen werden. c) *Tragende Stuten* werden zweckmäßig im *dritten Trächtigkeitsmonat erstmalig* geimpft, die *Zweitimpfung* erfolgt im *sechsten* (oder spätestens im siebenten) *Trächtigkeitsmonat.* d) *Alle* im ersten Jahr der Anwendung der Impfung zweimal geimpften Tiere (a – c) erhalten in *allen Folgejahren je eine Auffrischungsimpfung,* die bei tragenden Stuten im sechsten Trächtigkeitsmonat erfolgen soll. e) Im Interesse der Kostenersparnis und der Übersichtlichkeit können entsprechend den unter a – d

angegebenen günstigen Zeitpunkten *im allgemeinen* die Impfungen nach folgender *Zeiteinteilung zu zwei Terminen zusammengefaßt* werden: *im Juli* (bzw. Anfang August) *die ersten Impfungen aller Erstimpflinge* (a – c), *im Oktober* (bzw. Anfang November) *die zweiten Impfungen aller Erstimpflinge* (a – c) *und die Auffrischungsimpfungen aller Tiere* in den *Folgejahren* (d).

6. Pferde, die *aus Rennställen in die Gestüte* usw. zurückkehren, können eingestellt werden, wenn ihr Impfschutz im Rennstall durch jährliche Auffrischungsimpfungen (s. 2 und 5. d) aufrechterhalten worden ist; sie sind wie Erstimpflinge zweimal zu impfen, auch wenn sie vor ihrer Verwendung im Rennstall geimpft worden sind, der Impfschutz im Rennstall aber nicht durch Auffrischungsimpfungen erhalten geblieben ist; bei diesen Pferden kann die zweite Impfung bereits drei bis vier Wochen nach der ersten Impfung vorgenommen werden.

7. Allen Gestüten und Züchtern wird dringend empfohlen, sich *vor der Versendung oder Aufnahme* von Pferden in oder aus anderen Beständen gegenseitig über die jeweilige Impflage zu unterrichten.

8. Alle *Schutzimpfungen* sind in die »Impfkarte für Vollblutpferde« *einzutragen.*

Anmerkung: Etwaige *Notimpfungen* bei Auftreten von Virusaborten in nichtschutzgeimpften Beständen sind nach den Vorschriften des Impfstoff-Herstellerwerks durchzuführen. Auch alle Notimpfungen sind in die »Impfkarte für Vollblutpferde« einzutragen.

Merkblatt ›Maßregeln bei Verfohlungen‹

Bei Verfohlungsverdacht im Stall, Verfohlen auf der Weide und bei Geburt lebensunfähiger Fohlen *nicht unüberlegt handeln!* Nur sorgfältige und sinngemäße Beachtung folgender Hinweise kann die Ausbreitung einer Infektion verhindern!

1. Bei *Verdacht auf Verfohlung* die verdächtige Stute unverzüglich aus ihrer Box oder von der Weide in den dafür bereitstehenden Isolierstall, wo nicht vorhanden, in eine außerhalb des Mutterstutenstalles gelegene Box bringen.
2. Bei *erfolgter Verfohlung* sofort den Gestütstierarzt benachrichtigen. Jede Verfohlung muß so lange als ansteckend angesehen werden, bis die unverzüglich einzuleitende Institutsuntersuchung das Gegenteil bewiesen hat.
3. Bei *Verfohlung im Stall* zuerst Stallgang mit Desinfektionslösungen (Natronlauge 2%ig) begießen. Dann alle tragenden Stuten aus dem Stall bringen, eventuell gegen güste Stuten, Maidenstuten oder Jährlinge austauschen. Die aus dem Verfohlstall herausgenommenen Stuten dürfen keinesfalls in einen Stall zu anderen tragenden Stuten eingestellt werden. Sie dürfen auch auf der Weide nicht mit anderen tragenden Stuten in Berührung kommen.
4. *Jedes unnötige Betreten der Verfohlbox vermeiden.* Alle weiteren Maßnahmen möglichst von einer Person ausführen lassen, die keinen Kontakt mit anderen tragenden Stuten hat. Vor Betreten der Verfohlbox desinfizierbare Schutzkleidung (Gummistiefel, Gummischürze usw.) anlegen und genügend Desinfektionslösung (Tego 51,1%ig) zum Abspülen der Schutzkleidung beim Verlassen der Box am Boxeneingang bereitstellen.
5. *Verfohlstute oder Stute mit lebensunfähig geborenem Fohlen* in den Isolierstall bringen. Den Weg, den die Stute geführt wurde, mit Desinfektionslösung (Natronlauge, 2%ig) begießen. Die Stute verbleibt in dem Isolierstall, bis das Untersuchungsergebnis ihre Herausnahme gestattet.
6. *Bei Verfohlung in einer Koppel oder in Ausläufen* die Verfohlstute ebenfalls sofort in eine Isolierbox verbringen. Alle mit ihr zusammenlaufenden tragenden Stuten sind in hohem Maße der Ansteckung verdächtig und dürfen auf keinen Fall mit anderen tragenden Stuten zusammenkommen.
7. *Das tote Fohlen samt Eihäuten* in der Box bzw. auf der Koppel in einen wasserdichten Kunststoffbeutel tun und,

entsprechend verpackt, auf schnellstem Wege, am besten mit dem Auto, in das zuständige Untersuchungsinstitut bringen.

8. Streu, Wände, Krippe usw. der Verfohlbox ausgiebig mit Desinfektionslösung (Natronlauge, 2%ig) tränken und 24 Stunden nicht berühren. Danach den Dung möglichst aus dem Gestüt entfernen. Die Box gründlich säubern und nochmals desinfizieren. Besen am besten verbrennen. Die Verfohlbox möglichst 14 Tage lang nicht mit tragender Stute besetzen.
9. *Auf der Koppel* die Stelle, wo die Verfohlung stattgefunden hat, mit Desinfektionslösung besprühen und die Koppel 8 bis 10 Tage lang nicht mit tragenden Stuten betreiben.
10. *Bei weiteren Verfohlungen* die gleichen Maßnahmen ergreifen wie bei der ersten Verfohlung.